眼光要全面 心态要客观

辩证的看待问题

主编 拾月
编著 冯军

图书在版编目(CIP)数据

眼光要全面 心态要客观:辩证的看待问题 / 冯军编著. -- 北京:现代出版社, 2015.4(2024.9重印)
ISBN 978-7-5143-3510-1

Ⅰ. ①眼… Ⅱ. ①冯… Ⅲ. ①成功心理－青少年读物 Ⅳ. ①B848.4-49

中国版本图书馆 CIP 数据核字(2015)第 067929 号

眼光要全面 心态要客观:辩证的看待问题

主　　编	拾　月
编　　著	冯　军
责任编辑	王敬一
内文制作	诚美天下文化传播有限公司
出版发行	现代出版社
地　　址	北京市安定门外安华里 504 号
邮　　编	100011
电　　话	(010)64267325
传　　真	(010)64245264
邮　　箱	xiandai@cnpitc.com.cn
网　　址	www.1980xd.com
印　　刷	唐山富达印务有限公司
开　　本	700mmx1000mm 1/16
印　　张	9
版　　次	2015 年 5 月第 1 版 2024 年 9 月第 4 次印刷
书　　号	ISBN 978-7-5143-3510-1
定　　价	57.00 元

前言

青少年是社会的宝贵财富，是人类的希望和未来，正所谓“少年强则国强”。为此，大至一个国家、一个民族，小至一个家庭、一个家族，都特别重视青少年的教育问题。希望他们成为社会的中坚，家族的骄傲。一句话，就是希望他们成为成功的人。于国，能成为有用的人才；于家，能成为顶梁柱。不仅仅要学习好，还要有辨别人世间善、恶、美、丑的能力。在每个人的人生中，除了需要自身的因素之外，还需要拥有感受世界的能力。

恩师、成长，是人生成长、受业与收获，恩师给予我们知识、道理，最终收获了成长。

创意、希望，是对未来充满了信心和奋斗的勇气。

辩证、改变，是让我们学会理性而冷静地面对人生。

犹豫、内疚，是内心的一个警钟，让我们时刻保持着自信。

谦卑、焦虑，是对于生命真谛的领悟。

青春，是人最美好的一段时光，也是人格、性格定型的重要阶段，在这个时期，我们需要享受青春的快乐，同时也需要完成自我塑造。通过心理自助，最终从一个小男生、小女生逐渐成长为一个有着健全人格的人，成长为一个对社会、对家庭、对自我有着相对完整认知的人，成长为能够为自己的未来做主的人。这才是一个最充实、最有价值的青春。每个梦想都值得我们认真对待，每个青少年都是未来的希望。在青春中我们不仅要有欢乐，同时也要拥有未来！

本丛书是你化解烦恼的“心灵鸡汤”，可以给你快乐的心理自助；本丛书会让你认识到：掌控心理，方能掌控世界；改变自己，才能改变一切。本丛书还将告诉你：只有实现积极的心理自助，才能收获快乐而充实的青春。

目录

第一篇 善与恶，美与丑：人们心中矛盾的两个方面

第二篇 贫穷与富贵：幸福的标准不在于金钱的多少

第三篇 失败与成功：在成长路上，二者结伴而行

目录

第四篇 现实与理想：着眼现实的理想最具爆发力

第五篇 命运与机遇：相信自己，自然迎来春暖花开

第一篇

善与恶，美与丑：人们心中矛盾的两个方面

每个人，在心里都有一个不同于他人的善恶、美丑观。想来，绝大多数人追求善和美，很少有人去追求恶和丑。然而，这个标准怎样才能界定呢？这一基本的人生价值观念，需要青少年们广泛认知。

与人为善也是于己为善

故事话题

有个老丞相，年事已高却还娶了一个小妾，小妾的名字叫彩玉。这个丞相有个家厨，年轻又帅气，还有超高的厨艺，他的拿手菜是曾获得过十二道圣旨御封的祖传圣旨骨酥鱼。据说，他这道圣旨骨酥鱼骨酥鱼汁，口感极好，更是养颜美容的极品。

有一天，小妾彩玉在逛后花园时无意中遇到了这位帅气的家厨，便一见钟情，他们年龄相仿，彼此都倾慕对方，他们十分想在一起。

彩玉和家厨趁着丞相不在时暗地里相会过，但是丞相是个阅历丰富的人，在他们第一次相遇时就被丞相识破了。

丞相在知道这个事情的初期感到很生气，但他安静下来仔细想想，觉得自己确实年纪不小了，彩玉又貌美如花，年纪尚轻，确实不适合在一起。而彩玉和他那位家厨左看右看都很般配，于是，暗下决定想要成全他们。

在一次中秋赏月时，丞相将他们二人叫到一起，酒过三巡，丞相吟诗一句：“中秋之夜月当空，朝鸟不叫竹竿捅。花枝落到粉团上，老姜躲在门外听。”此话一出，家厨和彩玉都知道事情已经被丞相知道了。这时，家厨赶忙跪下说：“八月中秋月儿圆，小厨知罪跪桌前。大人不把小人怪，宰相肚里能撑船。”

他们想象不到，丞相突然大笑几声，然后说：“花枝粉团既相宜，远离相府成夫妻。两情若是长久时，莫忘圣旨骨酥鱼。”就这样，成全了他们。而“宰相肚里能撑船”的典故，由此开始，在民间流传开来。

故事解析

与人为善，不仅是一种非常高尚的道德品质，更是智者从心灵深处散发出来的与他人沟通的最有效的工具。与人为善，还是仁者个人内心世界一片广阔的视野。

这位丞相在得知小妾喜欢上家厨后虽然很愤慨，但是他在平静之后，冷静想了想，认为自己的年纪确实和小妾不相配，与其这样，不如成人之美。这充分发挥了丞相的善良之心，使几个人都开心。如果丞相选择追究这件事情，那么结局必然是以悲剧告终。最终将一桩可以很美的事情往不好的方向发展……

从这件事情我们还能看出，如果眼界宽广一些，与人为善还能利于促进和谐，实现社会和谐，共建美好社会。与人为善，以这样的态度来处理人际关系是再好不过了。善良的人可以轻易形成良好的人际关系，从而促进社会和谐。

与人为善有利于推进发展。坚持与人为善，就能做到站在别人的角度考虑问题，理解他人、尊重他人、支持他人等。俗话说的好，家和万事兴，人和事业兴。事实证明，一个单位、一个部门、一个社会与人为善蔚然成风时，同事之间、邻里之间、成员之间关系就会更融洽。反之，倘若与人为恶，总是做那些损人利己、以邻为壑的事情，必定会引发纷争，事业难以发展。

我国是个礼仪之邦，与人为善更是一种美德。我们应该用善意的心灵面对生活，对待他人，当别人需要帮助时，积极去提供帮助，为他们排忧解难；当别人取得成功时，要真心实意地去给予祝贺。这样，你的心中就会充满阳光，给别人提供温暖的同时，也温暖了自己。

故事穿越

有一位单身女子新搬家到一个地方，她的隔壁住了一户很穷的人家，是一个寡妇带着两个小孩子过日子，几乎没有什么经济来源。

有天晚上，不知什么原因他们所住的那一带忽然停了电，那位女子只能点起一支蜡烛照亮。没一会儿，她就听到有敲门声。打开门一看，是隔壁邻居的一个小孩子。女子见这个小孩子好像很紧张的样子，孩子问：“阿姨，请问你家有蜡烛吗？”

女子心想，可能是这家人已经穷到连蜡烛都没有！我不能借他们蜡烛，否则，日后还会找我借这借那的。于是，她对孩子吼了一声说：“我没有！”

于是，女子想要将门关上。可是，就在她关门的瞬间，那个穷小孩却展开关爱的笑容，说：“我就知道你家没有！”说着，就从怀里拿出两根蜡烛，继续说：“我们都怕你没有蜡烛，况且又是一个人住，该有多害怕呀！我就给你拿了一支来！”

说完，小孩子将手里的蜡烛递向了这位女子……

此刻，这位女子已经感动得热泪盈眶，同时又感到深深的自责，她不禁将那小孩子紧紧地抱在了怀里。

故事微语

心念一转，世界就会变得与众不同。故事里边送蜡烛的小孩子，表现出了十足的善良之心，他与人为善，同时也获得了别人的尊重。故事里的女子，她原本的想法是那么偏激、冷傲，但她被小孩一家的善心给温暖到了，最后，她感到无比自责……

与人为善有利于使自己生活得更快乐。小孩子一家将一支蜡烛拿给邻居女子，他们很用心地在和周围人交往，用一颗善良之心，不仅让别人感到很高兴，自己也因此感到无限幸福。

拥有一颗平常心，你就能轻易做到与人为善。生活就是这样：对别人多一份理解和宽容，其实就是对自己的支持和帮助，善待他人就是善待自己。“授人玫瑰，手留余香。”在生活中还是让我们从与人为善做起吧！

心灵箴言

君子莫大乎与人为善。

——孟子

注重自己的名声，努力工作、与人为善、遵守诺言，这样对你们的事业非常有帮助。

——马云

只有心地善良的人才能易于接受道德的熏陶。谁要是没有受到过善良的教育，没有感受过与人为善的那种欢乐，谁就不感觉到自己是真实而美好的事物的坚强勇敢的卫士，他就不可能成为集体的志同道合者。

——[苏联] 苏霍姆林斯基

勿以恶小而为之，勿以善小而不为

故事话题

这一天，正值午休时间，有一个叫罗伊的男孩来到一间杂货店买东西，他买的不多，只是一瓶调味品而已。罗伊刚来这个地方不久，他是外地人，过来这边打工，所以经常会光顾这家杂货店。

就在罗伊买完东西离开1个小时以后，店主阿美利达大叔突然想到自己犯了错误，罗伊本来买的是最贵的一个品牌的调味品，而他给拿错了，给了罗伊比较便宜的那种。得知真相后阿美利达大叔开始不安起来。

当时，自己的午餐正在锅里翻煮，但他无心去想午餐的问题，而是满脑子都是罗伊回去后很可能已经把调味品打开使用了……阿美利达大叔最终决定为罗伊换一瓶，由他亲自送过去。

阿美利达大叔拿着调味品走出了杂货店，他走了大约20多分钟，来到罗伊的住处。这里住着大量和罗伊一样的外来人员，有很多出租屋。那时候大家都在午休。阿美利达大叔不知道罗伊住在哪间房子，同时又十分担心自己炉子上的饭可能就要烧煳了，于是，他扯开嗓子喊在那里大喊起罗伊的名字来。

这样，导致许多正在午睡的人都被吵醒，包括罗伊。他们还以为发生了什么事情，都披着衣出门查看。而恰巧在这时，突然发生了大地震，房屋连同大地一起剧烈地震动起来！这就是震惊世界的海地大地震。然而，阿美利达大叔就这样拯救了很多人！

故事解析

阿美利达大叔不希望自己的顾客吃一点点亏，于是才有了这趟换货之行，而这个小小的出发点，竟然无意中戏剧般地挽救了十几个人的生命，其中也要包括他本人。

小善就这样成了大善。也许举手投足之间一个轻微的善意举动，打开的恰恰是关乎命运的大境界。

不管是小善还是大善，都体现了施善者对待他人以及对这个社会的态度。若是人们可以从小善做起，然后持之以恒，在日积月累中，施善者的心灵就会得到净化，思想境界将会得到提升。俗话说：“不积跬步，无以至千里；不行小善，无以致大德。”在生活的今天，做一个有良知的人，与人为善，慎重对待今天的生活，成为一个胸怀若谷的人，这样，你的人生才可以色彩斑斓。

故事穿越

在印度北部有两个村落很特殊，他们比邻而居，但是，其中一个村子总是发生夜间入室抢劫的案件，常常有村民家深夜遭到入室抢劫，他们的财物就这样白白被蒙面劫匪抢走。在遭遇抢劫时，如果主人敢反抗，劫匪就会无情地用刀刺行刺，让主人倒在血泊之中。奇怪的是，邻近的那个村子却从未出现过一起事故。

直到后来，警方终于将此案侦破，并将劫匪捉拿归案。警方在对劫匪进行审讯时，也问到了劫匪为什么只选择一个村子下手，而对另一个村子十分仁慈？劫匪的回答让人们感到吃惊。

原来，劫匪也常常光顾另外那个村子，只是，每当他想要接近住户的院墙时，就会有鸟聒噪起来。鸟因为慌乱而发出的叫声很大，总是将主人吵醒，这样，屋子里即刻就会亮灯。

劫匪无法打开缺口的村落里，是因为有鸟的存在，而鸟为什么会在那里呢？

那个村子里住户的院墙都是一个叫孟猜的匠人堆砌的。孟猜在砌院墙的时候，经常会留下一些空洞，给鸟雀方便筑巢提供条件。而正是施之于鸟雀的这个小小的善举，无意中保全了一个村落百姓的财产乃至生命不受侵害。

故事微语

但很多时候，小善的意义并不寥寥。即使再小的善里，都包含着非凡的能量，就好像是一颗小小的北极星能够为万千夜行者指明方向一样，还像是一股涓涓细流能够为行将干渴倒毙的沙漠旅者带来生的希望一样……

凡事不管多小，都要以善良的心去对待，或许你的一个微不足道的善行，对他人而言就可能起到翻天覆地的变化！

比如，也许正是因为你的一句鼓励，就能让一个不自信学业的孩子重拾信心，最终能够发愤图强，积极向上；或许你的一个善意的微笑，就能让一个缺乏温情的人感受到温暖，从而变得积极；或许是你的一个友善的举动，就让一些儿女避免了受伤的危险……

很多的“善小”都能使他人受益非浅，相反，也有许多的“恶小”会令人失去太多，比如强盗，只因为一时贪念，就给受害者一家带来了灭顶之灾。这样的“恶小”如果不断累积，最终会酿成更大的悲剧。所以，勿以恶小而为之。

心灵箴言

慈善的行为比金钱更能解除别人的痛苦。

——[法] 卢梭

凡是使生命扩大而又使心灵健全的一切便是善良的；凡是使生命缩减而又加以危害和压榨的一切便是坏的。

——[美] 杰克·伦敦

所谓恶人，无论有过多么善良的过去，也已滑向堕落的道路而消逝其善良性；所谓善人，即使有过道德上不堪提及的过去，但他还是向着善良前进的人。

——[美] 杜威

有一种“恶”的出发点是善意的

故事话题

在一个寒冷的夜晚，玛利亚太太正要打烊，这时，突然进来一个年轻人，他眼神闪躲地递上50美元，点了一份热狗和一杯牛奶。

然而，就在触摸到那张钞票的一瞬间，玛利亚太太就肯定了那张50美元是假钞。玛利亚太太淡定她瞟了年轻人一眼，她看到这个年轻人此时已经低下了头，看起来一副穷困潦倒的模样。玛利亚太太不动声色，只是不咸不淡地问了一句：“能给我换一张钱吗？”

年轻人此时开始紧张起来，他将头低得更低了，然后嗫嚅了半天，说：“没有了，太太，但是……我……我很想要一份热狗，因为，我已经一整天都没有吃东西了。”

玛利亚太太看出这是一个并没有完全丧失羞耻感的孩子，她当时就认为，对于这样的孩子，也许仅仅是一块面包就能温暖到他，让他回归正途，这远比一声呵斥更有震撼力。想到这儿，玛利亚太太没有迟疑，立即找了他零钱。

年轻人拿到钱后转身离开，还没走出店门玛利亚太太就忽然大叫一声，然后用手捂着胸口，又踉跄了几下。年轻人转身看到这一幕简直吓坏了，他赶紧上前来扶住妇人。

这时，玛利亚太太将那50元的假钞顺势放到年轻人的手里，然后对他说：“快到对面的诊所买药，你就说玛利亚太太病了。”

年轻人拿着钱后赶忙跑了出去，这时，玛利亚太太麻利地抓起电话，打到对面诊所，要知道，那家诊所正是她弟弟开办的。玛利亚太太在电话里说：“如果有个年轻人来给我买药，给他三四十美元的药就行了，还有，那个年轻人手里有一张50美元的假钞。”

放下电话，玛利亚太太默默地祷告着。此时，她希望这个年轻人是个富有爱心和责任感的孩子，这样的话，他就一定会回来的。不一会儿，她的弟弟给她打过来电话，说那个年轻人已经拿着药走了，但是并没有使用假钞。此时，玛利亚太太长吁了一口气，此刻，她无比庆幸自己没有看走眼。

就在那个夜晚，这位年轻人一直陪伴着“病中”的玛利亚太太，直到天亮以后……就在年轻人要走时，玛利亚太太为了感谢他“救”了自己，于是竭力挽留了他，请他帮忙照看几天零售店。

几年过去了，玛利亚太太的小店已然变成了大超市，之后又有了子超市，而那个年轻人依旧在那里工作，只是，那时候，他的身份是显赫的管理者。他就是在美国靠零售业发迹的怀特。在那个风雪之夜，玛利亚太太用善意的谎言，让怀特不失自尊地接受了她的帮助。

故事解析

玛利亚太太在得知那 50 美元是假币后便开始撒谎，他欺骗怀特自己生病了，还让怀特去对面药店帮他买药。她的行为确实带有欺骗性质，但是，那却是善意的谎言。她希望帮助眼前这个年轻人走上正途，因为，她认为他并不是真的很坏。

结果，玛利亚太太成功了，她不仅为一个年轻人换回了善良之心，还成就了日后的商业大亨。

这样善意的谎言绝对算得上是温暖美丽的！那是出于美好愿望的谎言，是人生存之路的滋养品，也是信念的源动力。这样的谎言让人从心里燃起热情之火，让人感受到世界是有爱的。

虽然说谎不好，但是瑕不掩瑜，聊胜于无。一句谎言，可以让家人朋友精神愉悦，身体健康；可以让涉世不深的孩子充满期待；可以让彷徨的人们不再困惑；可以让恐惧的病人由毁灭走向新生……

故事穿越

有一年，一个煤矿因为透水冒顶，发生了险情，这时，有 4 名矿工还在井下作业，在短短的 10 分钟时间内，大水就淹没了平巷和顶棚。4 名矿工无奈被逼到平巷上方一个大约 1 米高、3 米宽的平台上躲避。

水势不断在上升，情况万分危急。

4 名矿工深知自己的处境已经极为危急了，他们没有坐以待毙，而是分成两组，轮换向平台上方挖煤灰，就在他们不断努力下，两天时间他们就挖出两个 1 米多高的台阶。只是，井下没有食物，已经三四天没有吃东西。他们饥寒交迫，恐惧心理越聚越浓，马上就要到了崩溃的边缘。

一名叫肖红的矿工为了鼓励大家不要放弃，谎报水位在以缓慢的速度下降，并告诉大家一定要坚持住，肯定能够脱险。

到了第四天时，井下的空气稀薄，他们已经不能顺利呼吸，已经有人出现了虚脱昏迷情况，然而此时，水位的确开始下降了……他们看到了希望，于是重新打起精神来，最终，他们活着走了出来。

故事微语

在这场矿难中，那个叫肖红的矿工为了鼓励大家坚持下去，故意撒谎，说水位已经在下降，生存还是有希望的。这样一来，就成功鼓舞了大家的士气，也带给了大家活的希望。有活下去的信念，不管是在何种境地，都不会停下进取的脚步……

所以，有人说善意的谎言是生活的希望，是沙漠中的绿州，在这个小故事中，谎言便是生命的延续。

人与人之间，相互安慰的暖意，是人们心底里流露出来的一种柔情。虽然现实生活中，谎言大多代表着欺骗和愚弄，但是，真正善意的谎言，是有慢慢关爱之意的，即使是一件微不足道的小事，都能给别人带来希望。

对于这些出发点是善意的"恶"，我们都要学会理解，不要被表面上的假象所欺骗，而是追根溯源，领悟真谛，这样，即使被欺骗了，也仍旧是温暖的。

心灵箴言

善良之心，就是最好的法律。

——[英] 麦考莱

做一个善良的人，为群众谋幸福。

——[苏联] 高尔基

交善人者道德成，存善心者家里宁，为善事者子孙兴。

——方孝孺

每个人，对美都有不同的理解

故事话题

有一个在业余英语补习班上课的老师，在和朋友聊天时提到她有个女学生给她的感觉特别好。那个女孩，挺胖的，目测大约有 200 斤左右，也不怎么高，但仍旧很吸引老师的眼球。原因是不管老师讲到哪一块的知识，她都表现得十分专注、投入，她总是认真聆听老师讲课的样子，并时不时发出开心的笑声。

老师对这个女孩很感兴趣，走近她时，看到她化了局部彩妆，眼部用了银色的眼影，指甲也很精致，涂满了彩绘，右手还带了块闪闪发亮的钻表。青春靓丽极了。

又一次，老师刻意问她："你是为了今天的课特意这样精心打扮的吗？"这话一出，全班同学都跟着笑起来，然后前前后后地替这个女孩回答："不是！每天都是这样的！"

女孩这时只是低头笑笑，不介意周围这样说。

老师从这个女孩身上仿佛看到了自己以前的样子。和女孩不同的是，过去的她，不断逃避别人的眼光，就这样惶恐长大，不觉感到遗憾连连。

女孩的这个打扮，其实并不是大多数人认可的，因为她过于靓丽了。甚至有些人会认为这是"丑人多作怪"。但是，在这个老师眼中，她真的一点都不丑，而且她的笑容很灿烂，令人难忘。

美丑的标准没有绝对的，所谓见仁见智。女孩给老师带来了青春的气息，再加上女孩的很好的性格，让老师觉得她其实就很美。丑不丑、怪不怪，可以任由别人去批评。

故事解析

很多人觉得自己不够漂亮，所以在他人面前总表现出自卑的一面。其实，这并不是真的美或是不美，而是不自信的表现。故事中的女孩，她每天露出真诚的笑容，性格柔美，打扮靓丽，给周围人带来了清新的感觉，这样，即使她有些胖，但仍旧掩盖不了她的美。

每个人，对美都有不同的理解。拥有一双发现的眼睛，多去看那些美好，就会发现更多的美。

美是人对自己的需求被满足时所产生的愉悦反应的反应，即对美感的反应。不管是谁，都需要拥有对美的满足。在自然界中能够感受到和谐，就是一种自然的美。你眼里的美，在别人眼里也许不美，但是，大千世界中，不必要求别人的眼光和你一样，别人认为不美的东西在你眼里，也许就是最美的。

所以，活出自我，美不是绝对的！

故事穿越

在唐朝时期，社会十分宽容，可以袒胸露臂，那时候人们崇尚的女性体态美和现在不同，他们喜欢额宽、脸圆、体胖的女人。唐人以肥为美，“丰肥浓丽、热烈放姿”，这是颇具时代特色的。

唐朝第一美人杨贵妃的身材就很丰腴，有人甚至考证称：“杨贵妃身高 1.64 米，体重 138 斤，还有说杨贵妃身高 1.55 米，体重 120 斤。

杨贵妃究竟有多重，至今还没有一个确切的结论。只能从唐代诗词、雕塑和各类艺术作品中搜寻到一些信息。如唐人绘制的“贵妃出浴图”这幅画，就显露了她丰腴的一面。另有“环肥燕瘦”这个成语，也证明了杨贵妃的体态是丰腴的。

据苏轼的《孙莘老求墨妙言诗》言：“杜陵评书贵瘦硬，此论未公吾不凭。短长肥瘦各有态，玉环肥瘦谁敢憎。”另有白居易的《长恨歌》，虽说未对杨贵妃肥与不肥进行描述，但一句“温泉水滑洗凝脂”，可让人从字里行间体会到杨贵妃的丰腴。周昉的《簪花仕女》，被称作是“唐朝女子的符号”

可见，按如今人对美的理解，肯定不觉得杨贵妃有多美丽，而那时候的人，也一定不认为如今红极一时的美女是“美”的！

故事微语

唐朝是一个相当富有的朝代，杜甫有诗记载：“稻米流脂粟米白，公私仓廪俱丰实。”可见，那时候国家繁荣昌盛到什么地步。当时，人们丰衣足食，一般家庭都能随便吃想吃的东西，这样一来，除具备了身强体胖而外，同时养成了丰满的体格。

生存的时代不同，审美也是千差万别的。富足朝代下的人，大多自信，没有忧患意识，由于是东方文明的中心，还吸引着成千上万来自世界各国的旅行家、商人和不同信仰的宗教徒过来长见识。

他们是引领时尚的人……

然而，如拿今日的审美去审视当时的帅哥美女，恐怕再不会出现什么“环肥燕瘦”的典故了。因为，审美不同，难以理解他们的美。所以，做人眼界要宽一些，拥有属于自己的审美，同时不诋毁他人的眼光。兼容并包，这样的人生才轻松。

心灵箴言

美貌，可以触发审美的情趣，但却不一定能触发倾慕或爱情。

——金马

在情人眼里，美貌很快就变得平庸，失去其魅力并致使他产生厌恶之情。

——[美] 爱迪生

美貌和魅力原是两种要拿的东西，幸而不是所有的美女全都有魅力，往往是相貌平常的女人反而倒另有一种妩媚之处。

——[美] 马克·吐温

外表美不如心灵美来得重要

故事话题

在公交车上，有个面容姣好，身材婀娜的漂亮女孩坐在靠前排的位子上，这时候，站在她身边的男孩时不时地往她的方向看，露出对她倾慕的神色。这个女孩很得意，时不时拿出小镜子照一照，或是摆弄一下裙子，要么调整一下姿势，好不惬意。

这时候，上来一个老奶奶，她拄着拐杖，吃力地走上车来，但车子上已经没有座位了，老奶奶颤颤歪歪地扶着那个漂亮女孩的椅背……

女孩看到老奶奶后，使劲白了她一眼，心想：站在我旁边干什么，反正我不会给让座的！然后从包里拿出一个 MP3，自顾自听起歌来，完全不去理会老奶奶。

有个女孩，长相一般，还稍稍有些胖，看起来格外没有魅力，她坐在更远的一个座位上。当她看到老奶奶站在那里时，赶忙站起来，然后招呼老奶奶坐在她的座位上。老奶奶坐好后，一直对这个普通女孩表示感谢！

车里原本被漂亮女孩吸引眼球的男孩们，通过刚刚发生的一幕，对漂亮女孩产生了厌恶的神色……

故事解析

在生活中，像普通女孩那样助人为乐的事例其实也有很多，她们虽然并没有具备十足吸引力的外表，但却有一颗纯真的、救死扶伤的善心。就像东施一样，即使她的外表是那么的丑，但她追求没的心灵还是令人称道的。

前苏联教育家苏霍姆斯曾说过：“心灵美是最本质的美。美是一种心灵的体操——它使我们精神正直，心地纯洁，情感和信念端正。”

漂亮的衣服脏了，可以再洗，但心灵脏了，却是难以清除的污秽。所以，心灵美才是真正的美。有人说：“爱美之心，人皆有之。”即使这样，依旧有很多人只在乎外表的美，却忽略了内在美，要知道，心灵美才是真正的美。

故事穿越

阳朱不远万里来到宋国，找到一家客栈投宿。店主人十分热情，周到地接待了阳朱，并向他一一介绍了自己的家人。阳朱看到这个主人有两位小妾，一位小妾长得楚楚动人，很是漂亮，另一位却相貌很难看。

但是，令阳朱不理解的是，这个店主却特别宠爱丑陋的那位小妾。

正是因为不理解，他便打听了店主，希望得知缘由。

店主听到阳朱的询问后，说：“我那个漂亮小妾傲气的不得了，总是自恃美貌，所以经常轻视他人，所以我怎么看她都觉得得丑；我那位并不怎么好看的小妾心地格外善良，待人谦和，知情达理，我越看她越觉得她漂亮。”

说到这里，那位漂亮的小妾正巧出来散步，阳朱看她昂首挺胸地走过来，但店主都不愿意多看她一眼，甚至对阳朱说：“瞧她这德性，实在叫人生厌，她哪里知道什么叫美，什么为丑！”

阳朱在店主人的一番启发下，很受教育。从此以后他总是提醒自己不做以貌取人的事情。

故事微语

外形固然很重要，但是与外形比较起来，品行更加重要。一个人，如果不仅貌美，还能品格高尚的话，一定会受到很多人的爱戴。如果相貌不理想，而心灵十分美，也会获得尊重。但是，倘若是外貌很美，心灵丑陋的话，必然不会招人喜欢。

追求外在美的人是肤浅的，而崇尚内在美的人才是富有内涵的。

这家客栈的店主，之所以十分宠爱自己的“丑”妾，就是因为她品行端正，待人宽厚，这样的人必然会散发魅力，惹人怜爱。相反，那个“美”妾正是因为自以为是，不把别人放在眼里，这种肤浅的认知能力，必然不会吸引店主。

真正的美，需要与心灵的美相依托，爱美是人的天性，人人都向往美，追求美，都渴望给自己建立一个只有美而没有丑的世界，这恐怕是幻想中的天国了。凡事着眼实际，抓住身边可以美的一切事物去丰富自己，那么，你自然也会变得很美。

心灵箴言

绝对的丑陋是没有的。

——(英) 罗斯金

我们应该注重内心，而不应该只看外貌。

——(古希腊) 伊索

没有德性的美貌，是转瞬即逝的；可是因为在你的美貌之中，有一颗美好的灵魂，所以你的美貌是永存的。

——(英) 莎士比亚

第二篇

贫穷与富贵：幸福的标准不在于金钱的多少

幸福与金钱的多少无关。钱不是万能的，纵使腰缠万贯，也不能阻碍任何事情的发生。幸福的意义极为深奥，它分为很多方面，其中，精神富足的人容易拥有幸福感，比起这个，金钱带来的幸福仿佛要肤浅很多。

富豪也躲不开烦恼的纠缠

故事话题

一个叫阿华的女子讲述她的经历，他认为自己的老公工资实在太低了，所以不想给老公生孩子。

起初，阿华和她老公是自由恋爱，在热恋期间，阿华不顾家里人反对，毅然决然地和她老公结婚了。在一起生活了3年，他们一直没有要孩子，阿华的公公婆婆都很着急，总是催着他们赶快生一个，但是阿华一想到老公每个月只挣那么点钱，就十分反对要孩子。她认为，目前已经不富裕了，再要个孩子生活更艰苦，并且孩子生下来就要沦为“穷三代”。

阿华是这样说的：“大家可能说我偏激，甚至还有人说我不懂事，太虚荣，但是，现实生活压力确实很大，老公的钱交完房子的贷款后就剩不了什么了。日常开销能够了就不错了，到时候我怀孕了，也上不了班了，家里又少了一份经济来源，所以我不想生……”

然而，即使阿华是这般的对生活不满意，她的一个“富二代”朋友却不这样想。她的富二代朋友叫小丽，她们是初中同学，毕业后各奔东西，偶尔也出来聚一下。阿华将自己的事情告诉小丽，小丽听后也叹了口气，说：“其实你的生活很好了，最起码是正常人的生活，我虽然没缺过钱花，但生活一直不如意。”

原来，小丽虽然吃的最好，穿的最好，零花钱最多，但是从小就很孤独，没有什么朋友，像阿华这样能说心里话的也就她一人，还只是偶尔见上一面。为了排解孤独，她总是去酒吧买醉……

小丽的父母知道小丽不听话，就经常限制她的出行，总把她关在家里不让出门，还说不要和别人一样出去玩，就算人家跟你玩也是图你的钱。小丽说：“没错，我是有钱，我还有豪车，但是父母根本不怎么让我出去，车都买很久了才开了2万公里，钱多了也花不出乐趣来，我想要的温暖钱根本无法满足……”

阿华听了小丽的诉说，突然同情起这个看起来光鲜亮丽、令人羡慕的朋友来，突然发现，幸福感其实源自内心，其他都是浮云呀，无论如何，需要保持内心的一份恬静与快乐才是最幸福的。同时，阿华也深刻感受到之前的自己实在太消极了。

故事解析

对普通人而言，古代帝王是位高权重，掌管一切的大人物，整个国家都是他的，可谓是说一不二，财富更是多得数不胜数。然而，即使这样有地位的人，同样是有烦恼的，甚至比普通人的烦恼还要多得多。

古代皇帝也有烦恼，根据记载表明，很多皇帝因为他几乎什么都能拥有，但是为了能够永久地享用这些东西，便希望自己能够长生不老，于是叫道人炼仙丹，甚至派童男童女乘船出海为了他找寻仙丹。然而，纵使很多孩子还没有长大就香消玉殒了，也终究无法令皇帝久活不死，到头来都是徒劳。

根据《北京晨报》的一则报道指出，中国富豪们风光的外表确实令人羡慕，但是他们的内心世界究竟是什么样的谁都不知道。调查者在人均财富超过 22 亿元的 60 位内地富豪中进行了问卷调查，内容涉及金钱、事业、两性、信仰等诸多方面。调查显示，多数富豪对金钱爱恨交加，内心充满不安全感。

也就是说，富豪虽然有巨大的财富，幸福感很可能还没有一个普通家庭的成员多。这也表明，有钱不一定幸福，富豪的烦恼要更多。

故事穿越

一个山区的穷小子，在偶然的机会中一夜暴富，面对突如其来的财富，小伙子兴奋极了。这个小伙子由于年轻，讲求标新立异，同村的那些有钱人，不过是干些吃喝嫖赌的事情，但是对于他来说，这些“俗事”可不吸引他。

在有钱后没多久，小伙子就沾染上了毒品，之后便一发不可收拾。在与一个南方的老板打交道时，那个老板还告诉他：“毒品贵，非穷人所能消费的，所以显示自己有钱有路子的最好方法不是汽车洋房，而是毒品。”

这种严重错位的是非观和价值观将小伙子抛入了无底的深渊，毒品就像是个无底洞，没多久就将他的财产全部吸了进去。大约不到两年时间，小伙子又一贫如洗了，到后来已经买不起毒品了，他就是个行尸走肉，人们见了他都躲得远远的。

故事微语

人在解决不了温饱的时候，最大的追求可能就是获取到粮食。在解决温饱之后，就会去追求、尝试其他一些相对新鲜的玩意儿。就像故事中的小伙子，原本一贫如洗，后来一夜暴富，有钱之后人也跟着飘了起来，变得不安分，并为了彰显富人身份而染上毒瘾，最终将自己拉扯到万劫不复的地步。

可见，有了财富也不一定就是好事情，钱多了，人却变得空虚了，这是得不偿失的。其实，不管是有钱人还是普通人，都有属于自己的烦恼，钱不是万能的，纵使腰缠万贯，该发生的事情依旧会发生，每个人都会在生活中体会到各种不如意。

一个台湾商人，经营着一个百强企业，但是都 45 岁了还没有个一儿半女，这让他感到相当苦恼，庞大的资产没有继承人，家里人急得总是愁眉不展……

还有一个富豪，他虽然钱多的不行，但仍旧救不活患有癌症的妻子，也挽救不了暴跌的公司股票，苦恼如影随形。

很多人以为，只要有了钱一切都会好起来，之前的烦恼就会一下子解决了，这种认知是肤浅的。烦恼和金钱没有什么关系，更不可能只是穷人的专利。

心灵箴言

金钱往往成为真正情义的障碍物。

——邹韬奋

在富有、权力、荣誉和独占的爱当中去探求幸福，不但不会得到幸福，而且还一定会失去幸福。

——[俄] 列夫·托尔斯泰

金钱是一种有用的东西，但是，只有在你觉得知足的时候，它才会带给你快乐，否则的话，它除了给你烦恼和妒忌之外，毫无任何积极的意义。

——席慕蓉

精神富有，便不会惧怕贫穷

故事话题

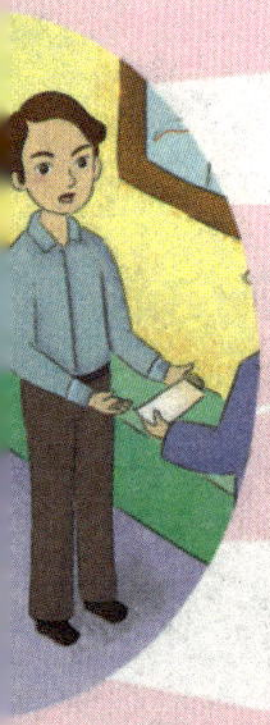

一个国王，十分贪婪，他想要搜尽天下所有的珍宝，还欺骗大家，说谁能献出家里的珍宝，他就把漂亮的公主嫁给谁。

有一个青年，他的家境十分贫穷，但是他很想得到公主，于是，他把死去的祖父留下的唯一的那枚金币拿出来献给了国王。国王看到金币后，询问他金币是从哪里来的。青年如实回答，说：“这枚金币是我的祖父生前唯一珍爱之物，在去世后希望带走，所以含在嘴里。但是今天，为了能够娶到公主，我便把金币从祖父嘴里取了出来。”

这时候，一位智者站出来，他对国王说：“不管何人，在死后就算只是想带走一枚金币都带不走，而您，即使拥有无数的珍宝，死后又能带走几件呢？”

国王听后觉得有理，于是开始怅然若失。

这时候，智者又说：“我尊敬的国王，您不如把珍宝送给百姓们，这样，百姓就是发家致富了。百姓富裕了，国家也就跟着富强了，这样，人人都会称颂您，这不是比得到珍宝更有意义吗？”

国王恍然大悟。

故事解析

一位坚持做慈善的人表示：贫与富，实际上是相对的。如果知道索取，不知道付出，即使他是个亿万富翁，也不过是个穷人；如果懂得付出，又乐于助人，即使月收入不到两千元，也是个富有的人。

精神上的富有远比金钱上的富有更有意义。

国王就算搜罗到世间最有价值的珍宝，也不过捧在手心里看看而已，珍宝的本身并发挥不了更多的价值，就好像是屋舍里的一个摆件而已。但是，如果将珍宝散发到百姓手中，帮助百姓过上好日子，这样，这些珍宝就发挥了它们本来就具备的存在意义。而国王的美名也能因此记入青史，其意义是相当重大的。

此外，在精神财富上可以给其他人带来同样财富的人，不仅能够帮助他人更深入体会幸福，自己也是具有成就感的。而成就感也是幸福的一种表现形式。然而，怎么样才能带动精神上共同富有呢?

首先，要懂得分享。精神财富不同于物质财富，物质财富的分配分享很多时候是“零和”游戏，但精神财富的分享，不是“零和”，而是能“双赢”“多赢”，思想的“苹果”越分越多，需要我们与他人一起分享精神财富。其次就是要引领。我们要争做人类灵魂的高级工程师，争做精神上先富有起来的人，并积极带动周边和社会上的人共同富有起来。

故事穿越

石崇与王恺二人都是西晋时期的官僚贵族，他们出身高贵，经常对百姓进行巧取豪夺，日常生活极为奢靡腐化，其中，他们经常争豪斗富这件事情被人们当成反面教材教育了一代又一代人。

曾以蜡代薪，做锦步幛五十里，以竞奢华。王恺虽然得到了其外甥晋武帝的资助，却常常敌不过石崇。

为了比阔斗富，石崇与王恺两人都用尽最鲜艳华丽的东西来装饰车马、服装。

当时，晋武帝正是王恺的外甥，所以为了给王恺争面子常常帮助他。晋武帝甚至曾经把一棵二尺来高的珊瑚树送给王恺，这棵珊瑚树世间罕见，其树枝条繁茂，难以再找出第二个。王恺得到珊瑚树后第一时间就拿给石崇看，石崇看后，顺手拿铁如意将珊瑚打碎了。

王恺惋惜极了，十分愤怒，他认为石崇是妒忌自己的宝物，才将其打坏的，于是说话声音都变得异常的严厉。而石崇却不以为然，他说：“不值得发怒，现在就赔给你。”于是，石崇就叫手下的人把家里的珊瑚树全都拿出来，让王恺没有想到的是，石崇竟然有三尺、四尺高的珊瑚，其树干、枝条更是举世无双，更夸张的是，王恺竟然有六七棵……像王恺那样才二尺的，就更多了。

王恺看过之后，深感失落。

故事微语

“采菊东篱下，悠然见南山”，这是著名田园诗人陶渊明的名句。他虽然过着穷困的生活，但却怡然自乐，他向往简单的生活，他的诗句余音缭绕，至今不泯，尤其令人沉醉。与陶渊明相比，石崇与王恺的斗富行为看起来是那样的幼稚可笑，为了让别人萌发羡慕之情，自己一有好东西就迫不及待显摆，其实这正是内心空虚的表现。

而陶渊明，宁可过淡泊名利的生活，也不为了功名利禄去沾染虚华，这种行为正是精神富足的表现。高洁品格的陶渊明会被永远敬仰。

能够像陶渊明一样拥有高洁的品格才算拥有了永恒的财富，才算得上是一个真正的富翁。大到一个国家、民族，小到个人，都需要一种精神的激励与精神的追求。的确，精神并不是万能的，但是精神空虚的人是可悲的。失去了精神，也就相当于失去了信仰，失去了人生高尚的追求，最终，由精神崩溃而演化到肉体的泯灭。

中国是文明古国，书香门第中，就算再富有也不能浮躁。物质富裕精神富有，是马克思主义者的追求。马恩多次论证，“通过社会生产，不仅可能保证一切社会成员有富足的和一天比一天充实的物质生活，而且还可能保证他们的体力和智力获得充分的自由的发展和运用”。

心灵箴言

穷且益坚，不坠青云之志。

——王勃

没有烦恼的贫穷胜于苦恼的重重富有 。

——[古希腊] 米南德

不是事业为了思想，而是思想为了事业。

——[法] 伏尔泰

金钱不能考量一个人幸福与否

故事话题

古时候，上帝在那时总是亲自和地球上的凡人打交道。有一次，上帝来到人间已经黑夜了，他还没有找到一家客栈，旅途的奔波让他身心憔悴。他走着走着，看到前面有两栋房子，房子面对面地竖立在路的两边，左边是一栋大而漂亮的房子，右边是一栋小而破旧的房子，他知道，一个是财主家，一个是穷人家。

上帝暗想："如果我住在财主家，是不会给他增加负担的。"

于是，他敲响了财主的门，主人打开窗户，看了几眼这个陌生人，然后问陌生人想要什么，上帝友善地说："我想在这里借住一晚上。"

财主又仔细打量了一番上帝，看到上帝衣着平凡，不像富人，于是，他摇摇脑袋说道："不行，我不能让你住我家，你到别处找地方住吧，如果每一个敲开我家大门的人，我都招待他们的话，那过不了多久我也要出去要饭了。"说完，他关上窗户把上帝搁在了外边。

上帝没有办法，转身离开了财主家，走到对面的小房子门口，开始敲门。他刚刚敲了两下门，穷人就将小门打开，还没问清上帝的需求就立刻把上帝晾了进去。

然后说："在外面走很久了吧，是不是很累了，就留下同我一起过夜吧，你看，天已经黑了，就别再赶路了！"

上帝被穷人的质朴感动了，他赶忙走进屋来。

穷人的老婆握着他的手表示欢迎，还交代他千万别客气，在这里就像到自己家一样，不需要拘谨，有什么需要尽管提出来，虽然他家里拿不出很多东西，但是有的尽量与他方便。不一会，女主人就把土豆放在火上煮，同时，她又拿着小桶去给上帝挤些羊奶，供他享用。虽然饭菜算不上精美，但是他们的做法让上帝感到很欣赏，于是，他们都喜气洋洋地坐在餐桌旁用餐。

晚饭过后，女主人悄悄将她的丈夫叫到一旁说："亲爱的夫君，今天晚上咱们自己铺张稻草床吧，客人一看就知道很累了，让他在我们的床上好好睡一觉再赶路会更好。"

丈夫答道："我完全同意，我这就去告诉他。"

就这样，他们自己当天晚上睡在了"稻草床"上，而上帝则睡在了他们舒适的大床上。其实，上帝开始并不好意思睡他们的床，只是这对夫妇太热情了，上帝拗不过他们，只能睡在了舒适的床上。

第二天天刚亮，他们夫妻二人就为上帝准备了一顿他们所能做的最好的早餐。然后在阳光穿过了小小的窗户时，叫上帝起床，然后一同吃早餐。

让这对穷人夫妇没有想到的是，这位客人为了报答他们的热情款待，在临走之前给他们留下了一栋比对面财主的房子更大的房子，还为他们留下了好几种小动物，说是对他们善良的回赠。最重要的，上帝认为这对夫妇因为善良一定会好好照顾这些动物的。然后祝福他们继续过幸福的生活。

后来这对夫妇才知道，他们款待的人原来是上帝！当对面财主得知他们拒绝的人就是上帝后，后悔极了……

故事解析

一直以来都流传着这样一句名言：“金钱不能买到时间和真情。”的确如此。如果一个忧郁寡欢的人，纵使他拥有难以计数的庞大家财，但若心里空虚寂寞，没有人跟他相扶相持，那么生活也会变得非常无趣。

这样的他，又有什么幸福可言呢？

钱非万能，有钱并不一定能获取到幸福。

有一位富有的国王，他下令找全国最快乐的一个人，然后与他交换衬衣，因为他希望自己也能得到快乐，但是结果发现，最快乐的那个人却是一个浑身黑不溜秋的乞丐。国王提出要和乞丐交换衬衣，没有想到乞丐穷得连衬衣也没有。这也足以证明幸福未必属于那些有钱的人。

钱只能满足人一时的愿望，幸福不是靠金钱创造的，金钱更不能得到永恒的满足。幸福与有钱不是孪生姐妹，有钱与幸福是没有必然联系的，有钱未必有幸福。幸福的生活要靠自己去开拓。

故事穿越

陈女士曾经是亚洲女首富，然而被人们熟知的不是她这个人如何有那么多钱，而是她的“争产案”。

陈女士曾经的公公王先生最早创建了公司，在公司成立之后，陈女士嫁入了王家，之后打理公司事务。全家人很幸福地生活。但是，后来，陈女士曾经的丈夫开始遭到绑架，陈女士为其交赎金。而最后一次绑架，陈女士曾经的丈夫因此事就如同消失一般不见踪影。

陈女士曾是个优秀的企业家，带动公司事业一直在向前发展、壮大，以至她一度成为亚洲女首富。后来，就有了她和她公公之间的争产，这个案子持续多年，光律师费都要以亿计，最后，终审的结果是龚赢了官司，名正言顺得到了家产。

就在人们逐渐忘了这件争产风波时，陈女士忽然病逝，让人感慨，生命竟然如此无常，不管怎么争也争不过生老病死，到头来还是什么都没有。

故事微语

卡勒曼是普林斯顿大学经济学家，也是2002年诺贝尔经济学奖得主，他曾经和同事一起宣布他们的研究结论：有很多钱就能够让人幸福快乐的说法是“虚幻的”。他们表示，他们通过追踪调查被访者每天的感受发现，收入对人快乐与否的影响并没有人们所想象的那么明显。

太多的人都渴望得到财富，害怕贫穷。然而，富与穷并不是烦恼与快乐的根本原由。一个人苦闷烦恼或是愉悦快乐，不在于拥有的财富是多是少，而取决于这个人的人生态度，如果你是一个乐观积极的人，你会想办法将自己的生活过得多姿多彩，穷人也有穷人的乐。相反，如果你没有一个好的处世观，再富的人也有无尽的烦恼事。

心灵箴言

金钱可以是许多东西的外壳，却不是里面的果实。

——易卜生

幸福不在于拥有金钱，而在于获得成就时的喜悦以及产生创造力的激情。

——[美] 罗斯福

我们手里的金钱是保持自由的一种工具，我们所追求的金钱，则是使自己当奴隶的一种工具。

——[法] 卢梭

幸福不是做给别人看的

故事话题

有这样一只小猫，它总是拼命地追逐自己的尾巴，想要追到尾巴，于是，它不同地转着圈儿，转着转着头就转晕了。然后一下子就摔了一跤。

这时候，猫妈妈问它："我亲爱的孩子，你这是在干什么呢？"

小猫回答道："妈妈，很早时候我就听说，猫的幸福就是自己的尾巴，因此，我正在追逐幸福。我知道，一旦我捉住了尾巴，就相当于得到了幸福。"

猫妈妈听完却摇摇头，然后说："孩子，听妈妈的话，坐在那里别再追尾巴了，该玩什么就玩什么最好了。"

小猫听了妈妈的话，于是坐在地上玩了好长时间自己的小玩具。

这时，猫妈妈走过来问："孩子，玩得高兴吗？"

小猫欢快地回答："高兴极了！"

猫妈妈说："现在你再回头看看，你的尾巴是不是一直跟着你？幸福的特点是你越追它，它越躲你。当你该干什么就干什么时，幸福便时刻伴随着你。"

小猫恍然大悟，它意识到，原来做着该做的事情时，幸福就会陪伴自己。

故事解析

幸福的定义是各种各样的，有人认为拥有财富就是幸福，也有人说拥有爱情才算幸福，还有人说得到满足即是幸福……总而言之，幸福的意义很广泛，不能以偏概全。幸福是一种感觉，幸福是拥有一份平常心和一种知足感，有了这些，即使是茅屋柴扉、粗茶淡饭，也一定会其乐融融。

倘若你没有这些平常心和知足感，即便是拥有锦衣玉食，金银满钵，仍旧心情惶惶，没有幸福可言。

幸福不是做给别人看的。

幸福如同穿鞋，是否舒服只有穿鞋的人自己知道，而不是穿给别人看的。有些幸福，外界看来，不那么精彩，而对自己而言，却如此真实。相反，有些外表显得格外“体面”与“光荣”，让人们产生羡慕之情，然而，就这样身陷其中的你是如此被看好，而真正的心酸，是否真正幸福，只有自己知道。

我们身边的很多幸福都是带有太多的“人工痕迹”，比如很多都是商家刻意制造的，很多秀幸福、秀恩爱，也都包含水分，事情的真相往往没有表面看到的那么光鲜美好。所以，如果你做事情一味追求给别人看，必然会失去自己的特色，生活也会由轻松变得疲累。

故事穿越

从前，有一个百万富翁，他每天都很繁忙，每天都有很多劳神费心的事情等着他，可以这么说，烦心的事情跟他拥有的财富似乎一样多。因此，每一天他都是愁眉紧锁的，周围人实在难以看得到他露出笑脸的样子。

在这个百万富翁的隔壁，住着这样一对夫妻，他们年纪都不大，开了一个很小的磨豆腐店面。曾有谚语说：“人生三大苦，打铁撑船磨豆腐。”可见从事磨豆腐这项工作是很辛苦的，但是，这小俩口却乐在其中。

夫妻二人虽然每天都要从事很多繁重的工作，一天忙到晚，但总是笑声和逗乐声不断，百万富翁经常能够听到他们两个人的欢声笑语。

百万富翁和他的夫人都很不解。有一天，夫人问：“你看，我们有这么多钱，却没几日是开心的，看起来还不如隔壁家磨豆腐的小两口快乐！”

百万富翁不知出于什么心理，就说：“这有什么，我让他们明天就笑不出来。”

那天晚上，百万富翁隔着墙扔了一锭金元宝过去。

第二天早上，磨豆腐的小俩口看到金元宝后，没敢声张，而是偷偷藏了起来。这一天晚上，富翁又将一锭金元宝放在那里，所以第三天，小两口又拿到一锭。

有了两个金元宝，小俩口高兴极了。他们开始谋划起来……丈夫说：“我想将豆腐扩大规模，这样，咱们的亲戚就不会看不起咱们了！”妻子却不主张扩大店面，怕忙不过来，就想添置几件漂亮衣服，还要买鞋子，妻子认为，将自己打扮得体面一些，别人自然会看得起他们了。

就这样，为了元宝的用途，两个人开始争论起来，没有了以往的欢声笑语，有的，只是喋喋不休的争论。

富翁两夫妻听到他们的争论后，不禁摇了摇头，说：“原来，谁都逃不过金钱的诱惑啊！”

故事微语

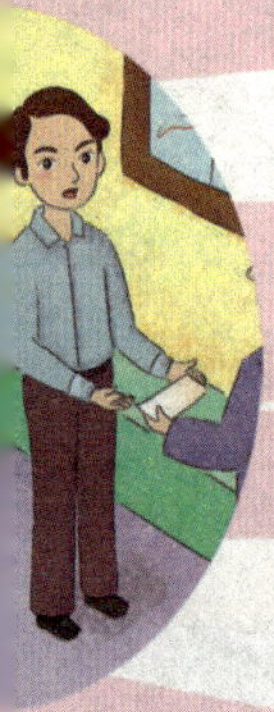

真正的幸福，并不是过给别人看的，的确，穿着靓丽的确让人羡慕，但是，其中的心酸只有自己知道。衣服最重要的是舒适，而不是华贵，最朴实的幸福，也是最深入人心的幸福。

幸福不是他人眼中的艳羡，更不是众目睽睽下的光鲜，如果为了表面好看，而去做一些违心的事，恐怕最终不开心的还是自己。幸福不是做给别人看的，是要用心去感受的，是自己才能真实感觉的，不是别人能代替的。

心灵箴言

生活中唯一的幸福就是：爱和被爱。

——[法] 乔治·桑

一无所有的人是有福的，因为他们将获得一切！

——[法] 罗曼·罗兰

我的艺术应当只为贫苦的人造福。啊，多麽幸福的时刻啊！当我能接近这地步时，我该多么幸福啊！

——[德] 贝多芬

看破浮华，人生自然安稳

故事话题

佛光禅师门下有一个叫大智的大弟子，他经历丰富，出外参学20年，之后才回到师父的身边。

一天，在佛光禅师的禅房里，大弟子大智开始述说他的经历。他在外游学20年的种种见闻十分精彩，其感悟也是颇为深奥，最后，大智问道："师父，这20年来，您一个人过得还好吗？"

佛光禅师笑了笑，说："很好，很好！我要么讲学、要么说法、要么著作或是译经，每天都在法海里泛游，世上没有比这更快活的生活了，好像每一天我都很忙，但是很快乐。"

看着年迈的师父，大智关心地说道："老师，您应该多一些时间休息！"

夜深了，佛光禅师对大智说道："你休息吧！有话我们以后慢慢谈。"

第二天一早，大弟子大智就被一阵木鱼声敲醒了。他慢慢走出禅房，感觉到敲鱼诵经的声音正是从佛光禅师的禅房里传出来的。原来，佛光禅师每天都是这样，晚睡早起，忙个不停。

白天一整日，佛光禅师总是一遍又一遍地对一批批来礼佛的信众说禅讲法，回到禅房后也不停歇，不是批阅学僧心得报告，就是拟定将要授课的教材，的确，他每天都有忙不完的事情。

好不容易，大智看到佛光禅师有了空闲，他就抢着问佛光禅师："老师，分别这20年来，您每天的生活都是这么忙着，怎么都不觉得您老了呢？"

佛光禅师道："因为我本来就没有老呀！"

"没有老？"这句话后来一直在大智的耳边响着……

后来，不知过了多久，大智终于明白了佛光禅师这句话的意义。的确，禅师没有老，他每天都努力把生活过好，大千世界浮华万种，而禅师早已看破浮华，找到了活着的意义，他的生活，安稳到了恬静的地步，这是大智在外20多年都没有参透的……

故事解析

世间有万千浮华，五彩缤纷，着实令人向往。世人喜欢追逐花花世界，尽享其缤纷，有些人，甚至在这些浮华中逐渐失去自我，最终被功名利禄所捕获，成为阶下囚，等到美梦破灭的那一天，才幡然醒悟，人生最重要的事情其实再简单不过了，就是踏实安稳的生活。就像佛光禅师一样。

在现实生活中，我们往往会听到来自各界的抱怨，有人抱怨生活，有人抱怨工作，还有人羡慕别人的幸福，唯独觉得自己是不如意的那个，从而失去生活的乐趣。这种心态是没有必要的。

故事穿越

一位大寺庙的方丈高僧，因为年事已高，所以不得不思考着选谁当接替他的人。

一天，他经过思考，将两个得意弟子用绳索吊放于寺院后的悬崖之下，然后对他们说："你俩需要凭借自己的力量从悬崖下爬上来，谁能做到谁就是我的接替之人。"

这两个弟子，一个叫明远，另一个叫明坚。明坚身体瘦弱，但是很坚强，他屡爬屡摔，但是仍旧不放弃，经过好多次后，他已经被摔得鼻青脸肿了……

即使这样，他还顽强地进行攀爬，当他拼尽全力爬至半山腰时，此时的他已经无处着力，所以摔落崖下，这次，他被摔得头破血流、气息奄奄。最后，方丈高僧不得不用绳索将他救助上来。

另一个徒弟明远，他身强体壮，不像明坚那样纤弱，他最初也试图攀爬过几次，但都不成功，之后，他便沿着悬崖下的小溪，顺水而下，去寻找其他出路了。寻路时，他穿越树林，走出山谷，然后游名山、访高师……直到一年之后，明远才辗转回到寺中。

方丈高僧见到明远后，不但没有骂他怯懦怕死，反而最终敲定他为接替之人。

众僧不解，方丈高僧却微笑着解释道："寺院后悬崖极其陡峭，你我都知道，那是人力不能够攀登的。但是，就在悬崖之下，却有路可寻。如果为名利所诱惑，心中想得最多的就是面前的悬崖绝壁。所谓'天不设牢'，而人自在心中建牢，也就是说，人往往会在名利的牢笼之内，徒劳苦争，轻者苦恼伤心，重者伤身损肢，极重者粉身碎骨。"

随后，方丈高僧将五彩袈裟和锡杖正式传给明远，并语重心长地对其他僧众说道："师言要听，但伸缩进退变化，乃圣人之道。明者因境而变，智者随情而行。攀爬悬崖，是师出奇题，验看弟子心境如何。能不入名利牢笼，心中无牢，顺天而行者，便是我的意中人。"

没过多久，高僧就在安详中圆寂了。明远成为这座大寺庙的住持，寺庙香火鼎盛，僧徒日众。

故事微语

在我国四大名著《红楼梦》中，有一首《好了歌》：“世人都晓神仙好，唯有功名忘不了；古今将相在何方？荒冢一堆草没了。世人都晓神仙好，只有金银忘不了；终朝只恨聚无多，及到多时眼闭了。”从这些言语中不难看出，作者曹雪芹清晰刻地画出了人们对功名、对金钱追逐的样子。

人活在这个大千世界里，不管是贫富贵贱，还是穷达逆顺，都免不了要和名利打交道。有些人，视名利淡如水，视事业重如山，也有些人对个人名利看得极重。过重的名利思想给人带来无穷的烦恼。所以，树立正确的名利观，对我们每个人都是非常有必要的。

在如何正确对待名利问题上，很多人也可以意识到应该把名利看得淡一些，但是，一旦在关键时候，往往是“看得破，忍不过；想得到，做不到”。于是，自己也控制不住要去争一争，如果不去争，就会觉得不平衡。

实际上，人需要做到信仰至上。每个人的人生都会有所追求，一个人倘若心中没有远大的目标，必然会格外看重眼前的名利。想要看淡浮华，过安稳日子，一定要学会淡然，不要太计较个人得失，心胸豁达一些，将事物看透，真正明白浮华并不能给你带来幸福，就能做到安稳的生活，找到最纯真的归属。

心灵箴言

完美的行为产生于完全的无功利之心。

——[意] 切萨雷·帕韦泽

不以一毫私利自蔽，不以一毫私欲自累。

——朱熹

真正勇敢的人，应当能够智慧地忍受最难堪的屈辱，不以身外的荣辱介怀，用息事宁人的态度避免无谓的横祸。

——[英] 莎士比亚

第三篇

失败与成功：在成长路上，二者结伴而行

结果固然重要，但没有宝贵的经历，结果必然是遥遥无期的。想要取得成功，一定会经历失败，要知道，失败与成功是结伴而行的，缺一不可。所以，我们需要正视失败，接受失败，因为，不管失败会带来什么样的结果，总比坚持固有观念，原地踏步要好。

没有失败的积累就没有成功

故事话题

华罗庚在中学毕业后，就进入上海中华职业学校进行深造，但是，因学费问题，华罗庚中途退学，所以他这一生不过只是有个初中毕业的文凭。

即使这样，他没有因此而放弃学习，反而更加顽强地开始自学，之后，他用了大约 5 年时间，自学完成了高中和大学低年级的全部数学课程。1928 年，厄运降临他的身上，他不幸染上伤寒病，要不是妻子的精心照料，恐怕性命都难保了。但还是落下左腿残疾的结果。在华罗庚 20 岁时，他以一篇学术论文轰动整个数学界，之后受邀去清华大学工作了。

从 1931 年起，华罗庚开始了在清华大学一边工作一边学习的生活，他用将近 1 年半的时间学完了数学系的全部课程。此外，他还自学了英、法、德等语言，先后在国外杂志上发表了多篇论文。

1936 年夏，华罗庚因为自身极为出色，被保送到英国剑桥大学进修，在两年时间内就发表了十多篇论文，数次引起国际数学界赞赏。1938 年，华罗庚访英回国，在昆明郊外一间牛棚似的小阁楼里，他艰难地写出著名的《堆垒素数论》，之后被更多的人认识，更为世界数学界奉献功勋。

故事解析

世界上，那些成大事的人，大都要先经历多次的失败，而后才可以取得最终的成功。华罗庚最初只是个不起眼的辍学生，但是，他没有因为辍学这件事情就停止了学习，后来又身患疾病，差点被疾病毁掉生命，但他依旧没有放弃学习的信念，不断坚持，最终取得傲人成果。

美国前总统林肯在入主白宫前，遭受过十几次竞选失败。如果因为失败就放弃竞选，那么，美国总统的单名中就没有林肯这个名字了。伟大的发明家爱迪生，曾经试遍了上万种材料，才从中找到了我们今天所用的灯丝。经历不断的实验失败，才换来了后来的成功。历史证明：失败不是灾难，而是成功的要素。

我们必须学会把失败看成有益的成长经历：它的前前后后，无不充满教益。

甚至，我们还要学会向失败学习，深信必须先经历失败，取得的成功才是卓绝的。在经历事情时，一定要鼓起勇气，付诸行动，不怕遇到失败，才能从中获益。要知道，造成年华虚度的不是失败，而是对失败的恐惧。

仔细想想，因为惧怕失败，害怕尝试，使得本应该充实、精彩、丰富的生活变得黯然失色。想要从失败中获益，第一个要懂得的秘诀就是跳出束缚自己的安逸圈，然后去做一些自己原本很怕的事。

重新看待失败，要高高兴兴地接受失败。不管失败会带来什么样的结果，总比坚持固有观念，原地踏步要好。

故事穿越

开普勒是德国天文学家，从童年开始，他就多灾多难的，他是早产儿，在母腹中只呆了7个月就早早来到了人间。

不仅如此，在童年时期，因为不幸患上天花，他又变成了一个“麻子”，这还不够，他还得过猩红热，并让这个疾病弄坏了眼睛。

如此多灾多难，但他凭着顽强、坚毅的品德，不断发愤读书，使自己的学习成绩遥遥领先于他的同学们。后来，开普勒的父亲因为欠债，让他失去了读书的机会，这对一个孩子来说，是多么大的打击。

开普勒没有因此放弃，他一边自学一边研究天文学。在之后的生活中，他又经历了多次疾病、良师去世、妻子去世等种种打击……但他仍没有停下研究天文学的脚步，终于在59岁时，发现了天体运行的三大定律。开普勒一直以来，都把一切不幸都化作推动自己前进的动力，并以惊人的毅力，摘取了科学的桂冠，成为“天空的立者”。

还有一位发明家爱迪生，也经历了很多失败。

在爱迪生发明灯泡的时候，可谓是历尽失败，当他用到1000多种材料做灯丝的时候，他的助手这样对他说：“您已经失败了1000多次了，成功好像变得非常渺茫了，还不如直接放弃吧！”

爱迪生却说：“其实，到现在为止，我的收获还是不错的，起码我发现有1000多种材料是不能做灯丝的。”最后，他经过6000多次的实验，终于取得了成功。

试想，倘若爱迪生在助手的劝说下，停止继续实验，我们现在会怎么样呢？很可能，我们还要点只有豆粒般大小的油灯在夜里照明。但是，从这件事情也能看出来，爱迪生将每次试验失败都看作是成功的积累。这么一算，爱迪生发明电灯也就是遇上了6000多次的积累，这是一个多么惊人的数目啊！

故事微语

不管对谁来说，挫折和困难都是学习的好机会。在事业之初，失败常常会给你带来沉重打击，如果你是个坚忍不拔的人，能够在逆境中学习，就一定可以从中获得很大的本领，从而体会到成功的快乐。

在回顾失败的经历时，很多人会过于自责。认为“我怎么把事情搞糟了？”“我可能永远也干不好。”“我学得会吗？”这样一来，你会难以再做尝试。人们往往会因为遇到错误和挫折而变得开始轻视自己，然而，错误和挫折恰恰是成功道路上的里程碑。

要想大胆探索新事物，就需要重新认识失败的难得经历，不要因为成绩不佳而感到自责，而且应该学会化失败为动力。

马丁·塞利格曼在《学会乐观》一书中，曾经详细地描述了乐观者与悲观者看待往事的不同之处。他举例说明：“悲观者把挫折看成是永久的、普遍的、人为的；而乐观者则认为挫折是暂时的、偶然的、并非人力的。”研究还证明：“在商界，乐观者往往干得更为出色。因为对失败的正确看法，使他们敢于不断尝试，直到能够有所突破，取得成功。”

将眼界放宽点，其实，经历了失败，留下的不过是记忆而已。为什么不把这些记忆作为前进的动力，而是为此耿耿于怀呢？你更需要将注意力放在从中能够获得的教益上，要知道，你不会永远失败，而它也不等于你做人的失败。

对于失败前前后后的认识，一定能够直接影响到人们是否愿意继续尝试一系列事情。正是因为敢于尝试，人们最终才会获得成功的喜悦。

心灵箴言

短时期的挫折比短时间的成功好。

——[古希腊] 毕达哥拉斯

只有永远躺在泥坑里的人，才不会再掉进坑里。

——[德] 黑格尔

每一种挫折或不利的突变，是带着同样或较大的有利的种子。

——[美] 爱默生

在失败中认识全新的自我

故事话题

张海迪于1955年秋天在济南出生。在她5岁时，不幸身患脊髓病，导致胸部以下全部瘫痪。从那时起，张海迪开始逐渐开启了认识全新自我的旅程。

因为身体原因，她无法上学，只能在家里自学，一学就是整个中小学课程。在她15岁时跟随父母到山东的聊城农村，开始了新的生活。她那时候给孩子当起教书先生，虽然年龄不大，但她因为疾病较早成熟，在教书之余，还自学针灸医术，为乡亲们无偿治疗，为群众无偿治疗达1万多人次。

不仅如此，到后来，张海迪还自学多门外语，甚至还当过无线电修理工。

在残酷的命运挑战面前，张海迪没有沮丧和沉沦生命，相反，她以超人的毅力和恒心，坚决和疾病做斗争，不断经受了住了严峻的考验，并对人生有了十足的信心，甚至比健全人的信心还要足。

虽然张海迪没有机会走进校门，却依旧发愤学习，比校园里的学生还要努力，最后还攻读了大学和硕士研究生的课程。

1983年，张海迪开始从事文学创作，先后翻译了《海边诊所》等数十万字的英语小说，编著了《向天空敞开的窗口》《生命的追问 》《轮椅上的梦》等书籍。其中，《轮椅上的梦》在日本和韩国出版，而《生命的追问》出版不到半年，就重印了3次，获得了全国“五个一工程”图书奖。

要知道，在《生命的追问》之前，这个奖项从来没颁发给散文作品，张海迪是第一例。之后，张海迪还写成了一部长达30万字的长篇小说《绝顶》，从1983年开始，张海迪创作和翻译的作品超过100万字。

故事解析

在残酷的命运面前，张海迪从来没有沉沦过，人们甚至看不到她有任何沮丧，她总是像野草一样，虽然弱小，但散发着十足的生命力。她以顽强的毅力和恒心，不断与沉重的疾病作斗争，她经受住了生命对她的严峻考验，她也圆了自己的“轮椅梦”！

挫折在人的一生中是经常发生的。因此，提高对挫折的适应能力，战胜挫折是每一个人生存和发展的必需。

人们在面临挫折时，一般采取两方面的适应机制：一是心理防卫机制，另一个是心理调节机制。心理防卫机制的使用，大多是被动的，它不能直接解决挫折所带来的问题，其中不少还带有自欺欺人的色彩。心理调节机制则是人们采取直接的、理智的、切实有效的行动或方法，改善和解决所面临的挫折情境，并设法战胜挫折，是积极意义上的适应。两者都是人们需要的，在不同的情况下，它们发挥着不同的作用。

所以，我们要向张海迪学习，对于生命来说，张海迪无疑是失败的，她没有一个良好的身体状态去帮助她完成更美好的人生。但是，她就是在这种失败中找寻到了全新的自己，过起了全新的、更加有意义的生活。她生命的每一分钟、每一秒钟，都看起来是那么有意义！

故事穿越

奥斯特洛夫斯基是前苏联作家，坚强的布尔什维克战士、著名的无产阶级作家。当他的文化和文学素养达到一定水平后，他经过精心策划，撰写了一本描述柯托夫斯基部队中英雄战士的中篇小说，在小说完成之后，他就兴奋地寄给一家杂志社了，期待能够取得好的成果。然而，这部小说却没有被采用。

当时，灰心丧气的心情多少还是有一些的，但他深深懂得：想要平步青云其实很不现实，所以打消了这种急于成功的心态。

他让自己平静下来，默默地重新拟定目标，然后再次向认准的目标攀登。

1932 年，他终于完成了《钢铁是怎样炼成的》一书。此时的他，已经能够感觉到自己的著作颇具代表性，他甚至在完稿时高兴地惊呼："生活的大门向我敞开了！"

要知道，当时的他年仅 32 岁，但是个双目失明、四肢瘫痪的人，他连转动头部也极为困难，双手早已经丧失了写字的能力。正如他在自传中所写："体力几乎全部丧失了，所剩的仅仅是一种想要多少对自己的党和工人阶级尽些力量的热望。"

奥斯特洛夫斯基可不想就这样在安闲无聊中消磨自己有限的生命，他想要过有希望的人生，再加上当时社会的特殊情况，他因为具备强烈的历史责任感，所以选择了属于他的战斗武器——笔。开启了写作的人生。

根据当时医生对他的诊断，说他还能活 5 年，但他本人深知自己病情的严重程度，他曾对护士说："我知道我的病情严重，我感到遗憾的是，还有那么多工作没有完成。"后来，在临终前的 1 个月，他已经清楚自己时日不多，就不再要求去看病，反而再次拿起笔拼命加班，与死神争分夺秒。

他让自己的秘书们实行“三班制”，轮流守候在他的床头，然后他对妻子与助手们阐述内容，让他们帮忙记录……

1936 年 12 月 20 日，在完成了《暴风雨所诞生的》第一卷之后 6 天，这位伟大的共产主义战士的心脏停止了跳动。他在给斯大林的信中写道：“我这一生都将献给社会主义祖国青年一代的布尔什维克教育事业，直到最后一次心跳为止。”

故事微语

奥斯特洛夫斯基的一生是悲苦的，因为疾病缠身，人们往往只看到成功者头上的桂冠，却忽略了他们在未成功之前倍尝的痛苦、冷落，甚至歧视。一些向理想高峰攀登的人，一遇到艰难险阻，就畏缩不前，一碰到冷落、歧视，就半途而废，惊呼生不逢时。

人们评价奥斯特洛夫斯基说：“他是站着用枪战斗，躺着用笔战斗，死后用书战斗。这就是做为一个战士和作家的奥斯特洛夫斯基的一生。”

面对失败，我们也要向奥斯特洛夫斯基学习，首先不害怕，也不屈服，要懂得迎难而上，坚决奋起，这样，必然会有柳暗花明的一天。

心灵箴言

对勇气的最大考验，就是看一个人能否做到败而不馁。

——[美] 英格索尔

我觉得坦途在前，人又何必因为一点小障碍而不走路呢？

——鲁迅

卓越的人一大优点是：在不利与艰难的遭遇里百折不饶。

——[德] 贝多芬

有时候，失败比成功更有价值

故事话题

电视剧《大长今》曾经红极一时，受很多人追捧，里边讲述了这样一个故事：主角是一个小女孩，她身份低微，被视为“贱民”，一进宫就受到小宫女们的歧视，在宫中生活更是不易，伴随着她的是一连串的挑战。

首先，小宫女们都不想和长今睡同一个屋子，这样一来，长今只好和连生在外面游荡。长今那时候就觉得自己失败极了，竟然有那么多人都不喜欢她。但是，长今希望打开局面，不想就这样被人歧视下去。她希望自己能够做更多有意义的事情。

她记起母亲对她说退膳间藏有母亲的饮食札记，后来就鼓起勇气和连生潜入退膳间，不幸的是，她不小心打翻了皇上的夜宵驼酪粥，因此受到训育尚宫的惩罚，还取消她的考试资格。但长今不是一个轻易放弃的人，她苦苦哀求管事的人，希望能够参加考试。训育尚宫后来同情这个真心诚意想考试的人，勉强同意了让她参加考试，但是，同时也给出了一个苛刻的条件：必须端起装满水的铜碗站着直到其他小宫女考试结束以后才可以放下。

长今毅然地接受了这个挑战，从晚上站到早上，实在忍不住了，就哭了起来，但她并没有放弃，后来终于感动了提调尚宫和训育尚宫，让她参加了考试。也正是通过这次考试，长今显露了头角，开启了人生的新篇章。算是向成功迈进了坚实的脚印了！长今就这样迎接一个又一个挑战，最后成就了她的辉煌人生。

故事解析

每一个理想的实现，都一定会先经历无数次的失败与挫折，每一次挫折，都意味着面临着一次严峻的挑战，面对挑战，我们不能逃避，而是积极面对，更重要的是，正视挫折，从挫折中找到宝藏，最终能够取得胜利。

一次失败了，就再来一次，跌倒了，就从原地爬起来，继续面对之后的路程。只有这样，我们才能最终实现我们的理想。

人生充满了挑战，每一次挑战都是一次机遇，我们要时刻准备着迎接挑战，才不会失去机遇。没有什么不可以战胜的，只要你抱有坚定的信念，永不妥协，永不低头，就会有成功的那一天。

纵观历史，每一个有所作为的人都经历过挫折和失败，面对这些挫折和失败，他们的态度是勇敢地去挑战，而不是退缩。改革开放的总设计师邓小平同志，我们都知道，他的一生中经历过三次大起大落，每一次都是一个严峻的挑战，但他始终保持着乐观的精神，每次都能在逆境中奋起，被国际社会称作“打不倒的小个子”。

美国著名作家海明威也曾说过：“人不是为失败而生。人可以被毁灭，但不可以被打败。”是的，只要有一个信念，有一个坚定的信念支持着，并朝着那个方向努力，成功，就只是时间上的问题了。

故事穿越

美国有一个名叫诺曼·沃特的收藏家，他喜欢一切名贵的东西，如果看到值得收藏的东西，他会不惜重金。可是，就在他的收藏世界进展得如火如荼时，他突然有了一个新的想法，就是去收藏一些劣质的东西。于是，他开始收购劣画。

他收购的劣画包含两种：一种是名家的“失常之作”，另一种是价格低于 5 美元的无名人士之作。收藏就这样开展起来，没过多久，他便收藏了 200 多幅劣画。

1974 年，沃特在报纸上登出要举办“首届劣画大展”的广告。使人瞠目的是，他希望让年轻人在比较中学会鉴别，从而发现好画与名画的真正价值。沃特的广告广为流传，成为人们茶余饭后的热门话题。人们都感到新奇，便争先恐后地前往参观，有人甚至专程从外地赶赴展馆。就这样，画展开办得非常成功，这也是他之前没有想到的。

还有一个与“劣画大展”极相似的展览——“失败产品陈列展”。

美国有一家市场情报服务公司，公司的经理叫罗伯特，他也是个酷爱收藏的人，他先后共收集了 75 万件“失败产品”。后来，罗伯特试着创办了一个“失败产品陈列馆”。这个陈列馆把许多企业和个人费尽心思研制，却因种种原因失败的产品展示出来。让人没想到的是，参观者络绎不绝，罗伯特因此取得了意想不到的成功。

爱迪生曾说：“失败也是我所需要的，它和成功一样对我有价值。只有在我知道一切做不好的方法以后，才知道做好一件工作的正确方法是什么。”我们如果能从失败中获得良好的收获，得到的就不只是痛苦的教训了。

故事微语

曾经有一则关于失败的新闻备受瞩目，这次事件被人冠以“互联网年度七大失败案例”在网络流传——惠普一度放弃WebOS系统在内的若干事件。这件事情也给了我们一个全新的启示，成功故事其实很多，而失败的故事，对企业创新也是有它独特价值的。

谈到失败，我们经常听到一句话：“失败是成功之母。”没错，失败是成功的基石，没有随随便便的成功。其实，各种失败对你都是具备有益的一面，面对失败，总结教训，就会将失败最后转化为对人生有用的资源。

所以说，失败是十分有价值的，就像故事中的“失败作品”一样，它们也能够取得成功，甚至是更大的成功。面对失败时，应该学会对失败经验的学习、提升承担风险、直面失败和化解消极情绪方面的能力，科学制定和实施能够被普遍接受的问责制度。

认真体会，对失败的学习有时比成功总结要难得多了，却十分有必要。当然，其对创新之益，也往往是开总结大会所不可比拟的。

失败具有独特价值。我们要宽容失败，还要重视对失败的学习。

人在一个漫长的过程中既要面对成功，也要面对失败，当然，失败必定要比成功多一些，这像一个金科玉律一般，谁也逃不出这个规律。

心灵箴言

再试一次，再失败一次，失败得好一点。

——[爱尔兰] 塞缪尔·贝克特

即使跌倒一百次，也要一百零一次地站起来。

——张海迪

不因幸运而故步自封，不因厄运而一蹶不振。真正的强者，善于从顺境中找到阴影，从逆境中找到光亮，时时校准自己前进的目标。

——易卜生

不要因眼前的失败阻碍日后的成功

故事话题

因为疾病，巴雷尼小时候就成了残疾人，母亲看到孩子这样，心就像刀绞一样痛彻心扉。但是，母亲还是强忍住自己的悲痛。她认为此时孩子最需要的是她给予的鼓励和帮助，而不是悲伤的眼泪。

看着孩子已经不再正常的身体，母亲缓缓走到巴雷尼的病床前，拉着他的手说：“孩子，妈妈一直都坚信你是个有志气的人，希望你可以用自己的双腿，在人生的道路上勇敢地走下去！巴雷尼，你可以答应妈妈吗？”

母亲的话是这么坚定，却像铁锤一样撞击着巴雷尼的心扉，巴雷尼“哇”地一声，在母亲的怀里大哭起来。母亲不希望巴雷尼从此消沉下去，从那以后，只要一有时间，母亲就帮助巴雷尼练习走路、做体操，一练就是好一会儿，直到累得满头大汗。

有一次，母亲得了重感冒，但她没有停止帮助孩子联系，她想：这个时候更要做到言传身教。就算是发着高烧，也还是下床按计划帮助巴雷尼练习走路。由于感冒，母亲身体虚弱，黄豆般的汗水从脸上淌下来，这时，她只是用干毛巾擦擦，然后咬紧牙关，硬是帮巴雷尼完成了当天的锻炼计划。

不停歇的体育锻炼弥补了因为残疾给巴雷尼带来的不便。而母亲的榜样作用，更深深教育着巴雷尼，这样一来，巴雷尼终于经受住了命运给他的严酷打击。他不仅积极地刻苦学习，使自己的学习成绩名列前茅，后来，以优异的成绩考进了维也纳大学医学院。

大学毕业后，巴雷尼又全身心致力于耳科神经学的研究。最后，终于登上了诺贝尔生理学和医学奖的领奖台。

故事解析

巴雷尼在母亲的教育下，做到了正视眼前挫折，并且勇往直前，打败挫折，最终走上成功之路。

在人的一生中，遇到一些失败是不可避免的。对于意志坚强的人，他们就好像是一个不倒翁，即使受到了毁灭性的失败，也打不倒他。对于一些意志薄弱的人，即使遭遇到很小的失败，就会像被水浇灭的希望的火种那般，不再复燃。

因为，他们不懂得“一时的失败，不代表一生的失败”的道理。

俗话说“坚持不一定成功，但放弃一定会失败”。这话听起来确实有些过于肯定，但也不是全无道理。生活中，没有永远的失败者，也没有永远的成功者，人的一生本就是由成功和失败相互交织而成。

如果你选择轻易放弃，就等于自己给自己宣判了失败。因为，世界上有一种失败最为失败——那就是放弃。在遭遇失败时，我们不妨对自己说：“失败只是暂时的!”只要你比别人多坚持一点，多努力一点，多自信一点，你就一定可以获得成功。

故事穿越

有一个年轻人，实在穷困潦倒，他身上全部的钱加起来都没办法置办一件像样的西服。然而，纵使他贫穷得要命，仍全心全意地坚持着自己心中的梦想，那就是做一名演员，当电影明星。

当时，好莱坞共有500家电影公司，他根据自己认真制定的路线与排列好的名单顺序，然后带着精心为自己量身订做的剧本前去一一拜访那些导演。

只是，拜访并不那么顺利，第一遍拜访下来，所有的500家电影公司，没有一家公司愿意聘用他，都逐一拒绝了他。面对这些无情的拒绝，他并没有灰心。他从最后一家被拒绝的电影公司出来之后不久，就又从第一家开始了他的第二轮拜访与自我推荐。这种勇气和精神令人实在赞叹！

第二轮拜访开始了，但是进展得也不顺利，和第一次一样，也以失败而告终。而第三轮的拜访结果仍与第二轮相同。但这位年轻人还是没有放弃，没过多久，他就又咬牙开始了他的第四轮拜访……

当他拜访第350家电影公司时，这里的老板竟然和以往态度不同，出现了一百八十度大转弯，破天荒地答应让他留下剧本先看一看。年轻人欣喜若狂，在几天后，他获得了通知，请他前去详细商谈。就在这次商谈中，这家公司决定投资开拍这部电影，并请他担任自己所写剧本中的男主角。不久这部电影问世了，就是著名的《洛奇》。，而这位年轻人就是史泰龙。

故事微语

史泰龙的成功十分值得人们学习，他用经历告诉我们生命的潜能是无限的，而最容易被激发出无限可能的时机，正是我们最沮丧、困顿的时候。要知道，在绝望的那一刻，往往就是希望的开始；在危机的尽头，往往就是期待已久的转机；在山穷水尽过后，往往就是柳暗花明。

只要不放弃，就一定会有更大的希望。人生总是要有逆境的，当我们在绝望中苦苦挣扎时，只要我们自己能够多一份顽强与忍耐，并且是多一份自信和骄傲，就一定会赢得命运的新转机。

成长是一个“错了再试”的过程，失败的经验和成功的经验一样可贵。成功的人往往懂得遭遇失败后选择不放弃，因此，他们会把失败当作走向成功的垫脚石，逐渐走出失败的阴影。当我们出了差错，遭受某个挫折，造成了某种损失后，请不要随便就放弃自己期待已久的梦想，因为一旦放弃，就永远没有了翻牌的机会。

相反，如果我们能够吸取教训，总结经验，就可以变被动为主动，最终赢得成功。

心灵箴言

失败也是我需要的，它和成功对我一样有价值。

——[美] 爱迪生

失败之前无所谓高手，在失败的面前，谁都是凡人。

——[俄] 普希金

会从失败中找寻教训的人，他们的成功之路不会是遥远的。

——[法] 拿破仑

突破自己往往能取得成功

故事话题

在 1 英里赛跑中，第一个职业运动员拼尽全力跑了 4 分钟后，全世界哗然，然后所有运动专家、生理学家都开始断言：1 英里跑 4 分钟是人类极限，不可能再有人突破。可是，一个并不出名的教练，使用了并不复杂的方法，最先帮一位业余运动员突破了这个限制。

他是这样进行帮助的，他先把 1 英里分成 8 等份，然后根据选手体能，计算出通过每等份应该用的时间。再在每个等份处都有一个小教练掐秒，如果运动员跑快了，他就说：“太快了，悠着点儿！”如果运动员跑慢了，他就说：“慢了，该加油冲了！”

有意思的是，这个最早突破“极限”的人竟然是个医学院学生！此后，所有职业运动员都能突破这个所谓的“生理极限”了。

故事解析

能超越自己，追求更完善的人生是不会留下遗憾的。在《汪洋中的一条船》这本书中，主角郑丰喜先生就是一位能突破现状的勇敢者，他没有因为双腿弯曲而自怨自艾，相反，他凭着毅力、信心向自己发出了挑战。虽然，他遭遇过大大小小各种失败，但最终，他以毅力当前锋，终于战胜了自己，战胜了那双不理想的腿，成为一位超越自己的成功者。

失败并不可耻，可耻的是失去了勇敢地站起来的信心。接受挑战的人潜能无限，而一味的逃避、不敢面对现实的人一定会一事无成。

“天上下雨地上滑，自己跌倒自己爬。”这是一句流传很久的老言古语，是非常有道理的一句话。当你不幸遇到困难时，没有必要一味自怨自艾，更不要将希望寄托在别人身上，希望别人的解救。而是，你需要有挑战的心，做到自己救自己。

当你跌倒了，那么，请坚强爬起来，然后再次迈开步伐，奔向前去。

没有生存的目的的人必然会感到迷惑，请不要做那样的人。其实，上天给我们的生命，就是要给你一次自己经历美好人生的机会。那些消极的人，总是会因为缺少自我挑战和自我突破的想法而安于现状，不思进取。这样的人，一辈子都难以前进。

向自我挑战，即是超越现在的我，迈向一个新的我，能突破自我的人，也算是挑战成功的人，把自我挑战当成一把锐利的刀，用它去斩除旅程中的荆刺，就一定能够超越自己，走上巅峰。

故事穿越

一家著名的运动鞋厂为了做市场调研，派两个新员工去非洲的某个部落推销他们的新产品。倘若他们能够推销成功，就会被录用为正式员工。两个人面对这次重要的挑战，都很谨慎，要知道，他们都希望自己能够成为世界上最伟大的推销员。

甲来到那个地方后，看见人们都赤着脚，感觉十分奇怪。他找到一位妇女介绍他们的产品，可是，妇女对他的产品不屑一顾，还说："真是好笑，我们这里从来不穿鞋。别费力气了！"甲听后无奈地摇摇头，感到非常失望，然后赶忙打电话给公司总部，说这里的人根本不穿鞋，无法开拓市场。随后就离开了这里。

乙来到这里后，面对的问题和甲的一样，但他的想法和甲不同，他不想打退堂鼓，而是接受了这次更加严峻的挑战。乙认为：以前，这里没有人穿鞋并不代表以后他们也不穿鞋，要是能说服他们和我们一样，正常穿鞋，那市场前景是无法估量的。

于是，乙对一位挖苦他的当地妇女说："你不妨先试试穿上这双鞋，走几步，看看是不是比不穿鞋要舒服一些呢？"

妇女照着他的意思这样做了，果然！感觉比不穿鞋舒服多了！

有了这一次成功的尝试后，乙申请在当地做一次营销活动，并得到总部的支持，他找来两批人，第一批人穿上鞋子，第二批人不穿鞋子，然后进行登山比赛。结果很明显，穿鞋的人无所畏惧的很快登上了山顶。而第二批人就没那么轻松了，他们老是担心脚下的荆棘戳到，所以登得很慢。

接下来，他们又进行了跑步和竞走比赛，都是穿了鞋子的这一批人取得了胜利。经过这次有意思的比赛，大家都知道了穿鞋子的好处，于是都想要买鞋。乙从总部运过来的第一批货很快被当地人一抢而空。

故事微语

由这件故事可以看出，不管对谁，挑战都不是可怕的事情，可怕的是缺乏挑战的勇气。命运不是天注定的，没有人敢断言你的失败与否，关键是看你是否有足够的勇气去迎接挑战。如果连这点勇气都没有的话，这已经证明了你是失败的。

没有人愿意承认自己失败，更不想成为那个失败的人。所以，超越当下自我的这种表现，就是能够迈向一个新的我的进步过程，不是停留不进，更不是安于现状。

比如一个学生来，在他考试时，能够向原来的成绩挑战，突破自我，那么很可能就能取得进步。哪怕只是两三分的进步，也算是一种挑战成功。人生的道路崎岖不平，能够挑战自我的人往往能够前行。且把自我挑战当成一把锐利的刀，用它去斩除旅程中的荆刺，超越巅峰，超越自己。

漫漫人生路上，被失败击倒的人，如果不能够再次振作，就无法实现最理想的自己。遇着挫折后没必要惧怕，因为，那正是向自我挑战的好机会。所以，请拾取信心，向自我挑战，打破一直想打破的记录，把挑战当指南针，把失败当试金石，你会迎来全新的人生。

心灵箴言

所谓活着的人，就是不断挑战的人，不断攀登命运峻峰的人。

——[法] 雨果

要成功，你必须接受遇到的所有挑战，不能只接受你喜欢的那些。

——[美] 迈克·加拂卡

要冒一次险！整个生命就是一场冒险。走得最远的人，常是愿意去做，并愿意去冒险的人。

——[美] 卡耐基

第四篇

现实与理想:着眼现实的理想最具爆发力

每个人都有理想、对未来也有一些蓝图，未来的境界总是在心里不断的产生。梦想仿佛是一盏长明灯，不仅能够照亮众人的生命，还能像一块路牌一样，在迷路时为你指明方向。梦想还是一方罗盘，导引人生的目标。

没有梦想的人生枯燥乏味

故事话题

在美国加州，有一个名叫作罗伯特·舒尔的孩子，有一天，他在日记本上兴致勃勃地写下这样一段话：“我要建造一座伊甸园。”

1868 年，舒尔通过努力学习成为一名博士，那时候，他认真把自己心中的伊甸园画了下来——那是一座水晶的大教堂，极为富丽堂皇。但是，想要建造这座教堂，至少要花费 700 万美元。

面对这么庞大的资金，他没有退却，而是一直为自己的梦想而努力。他连日来奔波于大街小巷，反复在各地做着不同的讲座。

第 60 天，第 65 天，第 90 天……太多的人都被他的执着所感动，然后纷纷捐款帮助他实现愿望。1920 年 9 月，历时 12 年，这座人间的伊甸园最终建成。

从此，游人络绎不绝，舒尔一举成名，这也成为他一生的荣耀。

故事解析

可以说，罗伯特·舒尔成就了一个梦想的奇迹。

700 万美元对于 20 世纪初的人来说是多么巨大的数字，想要拥有这些钱实在是天方夜谭。然而，纵使这个梦想多么遥不可及，舒尔却用自己的执着创造了一个奇迹。只因为他有一个梦想，那就是用自己的能力“建造一座伊甸园”。

法国作家罗曼·罗兰说：“人生最可怕的敌人，就是没有明确的目标。”

的确，目标是你追求的梦想，荣耀走在梦想之后，有了梦想，才能在这个道路上不断反省自我，看清自己，找到一种淡定的起点。如果你不幸失去了梦想，就必然会失去前进的方向，以及日后能够取得的荣耀。

故事穿越

在美国犹他州有一个中学教师叫比尔·克利亚。有一次，他给学生们布置了这样一份作业，他要求学生们以《未来的梦想》为题写一篇文章。

当时，他班上有一个名叫蒙迪·罗伯特的孩子，在接到这个课题后感到很高兴，他兴高采烈地写下了自己一直以来的梦想。他梦想看起来有些遥远，想在将来长大后拥有一个一流的牧马场。在作文里，他努力将牧马场描述得特别详细，甚至还画下了一幅占地200英亩的牧马场示意图。在图中，不仅有马厩、跑道和种植园，还有精心设计了房屋建筑和室内平面设置等。可见他对这份作业的认真程度。

第二天，他自豪地将这份作业交给了比尔·克利亚老师，然后敬候佳音。然而，当作业批回的时候，让罗伯特感到吃惊的是，比尔·克利亚老师在第一页的右上角写下了一个大大的“F”（差），还特意将蒙迪·罗伯特叫到办公室单独谈话。

在办公室里，比尔·克利亚老师先是打量了一下这个毛头小伙子，然后认真地说：“蒙迪·罗伯特，我知道你这份作业做得非常认真，但是，你可能没有想过，你的梦想离现实太远，太不切合实际了。”

蒙迪·罗伯特低着头，并没有为自己进行过多辩解，此后，他却一直珍藏着那份作业。也正是那份作业鼓励着他，一步一个脚印地不断前进在实现梦想的创业征程中。多年以后，蒙迪·罗伯特终于如愿以偿地实现了自己的梦想。

十几年过去了，比尔·克利亚老师在偶然的一次机会带领他的学生们参观一个一流的牧马场。当时，牧马场的主人热情接待了这些参观者，比尔·克利亚老师连做梦都没有想到，牧马场的主人就是自己当年的学生蒙迪·罗伯特……

比尔·克利亚老师高兴极了，他流下了既知足又忏悔的泪水，并庄重地对蒙迪·罗伯特和他那批学生们说：“现在我明白了，当时我做老师的时候，就像一个偷窃梦想的小偷，偷窃走了很多孩子的美好梦想。但是，蒙迪·罗伯特依靠坚忍不拔的努力，终于实现了自己的梦想！现在，我盼望所有的同学，都要展开梦想的翅膀，用梦想挽起明天，拥抱生活的灿烂！”

故事微语

人类，因为有梦想而变得有活力，要知道，梦想是对未来的美好憧憬，更是对未来的真实投影。

人的一生很短暂，如果默默无闻，本着得过且过的心情度日，那么生活一定非常空虚，找不到乐趣。然而，梦想就像是鸟儿的翅膀，能够带领你飞翔到更高更远的地方，看到更广阔的风景。没有梦想的人生是枯燥乏味的，有了梦想，生命多姿多彩。

生命是一张弓，那弓弦就是梦想。把自己的一生和人类的发展变成科学的梦想，再靠坚忍不拔的努力把科学的梦想变成现实，你的人生才会圆满。

心灵箴言

人的理想志向往往和他的能力成正比。

——[美] 约翰逊

人类也需要梦想者，这种人醉心于一种事业的大公无私的发展，因而不能注意自身的物质利益。

——[法] 居里夫人

我们因梦想而伟大，所有的成功者都是大梦想家：在冬夜的火堆旁，在阴天的雨雾中，梦想着未来。有些人让梦想悄然绝灭，有些人则细心培育、维护，直到它安然度过困境，迎来光明和希望，而光明和希望总是降临在那些真心相信梦想一定会成真的人身上。

——[美] 威尔逊

理想不能脱离现实

故事话题

有一个印度小女孩，看样子天真无邪，但是因家里很贫穷，在十二三岁时就跟着父母一起辛苦地工作。

有一天，她像往常一样来到市集买了一篮水果顶在头上。然后在市集里一边走一边左右看着，她心想：还是有钱人命好，有钱的女人能够每天打扮得很漂亮，他们住得好、穿得也好，生活多滋润啊，可以过得悠哉游哉的！

于是，她也梦想着自己将来能够和她们一样，每天打扮得漂漂亮亮的……这样，说不定还能被王子选上呢！想到这里，她又开始想她以后也许还能住在皇宫里，这样多好啊！

她想着想着，好像自己已进入皇宫一样；想象王子若走来邀她跳舞，她就故意摇摇头。因为想得太高兴了，忘了头上还有一篮水果，忽然一摇头，整篮成熟的水果都掉落在地上，篮子里的水果都摔烂了，这时她才懊悔地说：“原来，这一切都只是妄想啊！”

故事解析

在现实生活中，很多女孩都有一个公主的梦，而对于贫穷的女孩，则希望有个灰姑娘的梦，而男孩，则都希望做个王子梦。可是，在现实中，根本没有地方去寻找华丽的舞池，没有玻璃舞鞋，不可能有会说话的斑鸠，更不会出现白马王子……

理想总是美好的，而现实往往没有理想那么美好，那些生活在理想世界里、生活在童话故事中的“妄想者”，一定要及时醒悟，不要把童话当成现实，因为，童话不是可以生存的面包，而理想也不是可以居住的房子，不管是谁，都要回到现实中来。

故事穿越

有一个开罗人，整天都做发财梦，在一天夜里，他梦见了神，神笑眯眯地对他说：“想发财，你应该去伊斯法罕，只有在那里，你才能找到金币。”

这个人梦醒以后，不禁发出感叹：“天哪！伊斯法罕那么远，在波斯啊！我只有穿越阿拉伯半岛，再经波斯湾，最后攀上扎格罗斯山，才能到达那山巅之城。可是，也许我还没到那里就客死他乡了。我到底是去，还是不去呢？”

这个开罗人左思右想：如果去，必然很艰辛，如果不去，这辈子估计再也没机会发财了！最后，他还是决定前行。

开罗人千里跋涉，历经了许多艰难险阻，风尘仆仆地到达了“山巅之城”伊斯法罕。但是结果令他大失所望，当地兵荒马乱，连他随身带的一点值钱的东西都被土匪抢走了。还是一位当地人救了他。

“听口音，你不是本地人？”救命恩人问他。

“我从开罗来。”开罗人气息奄奄地说。

“什么？开罗？你从那么远、那么富有的城市，到我们这鸟不生蛋的伊斯法罕来干什么？”

“因为我梦见神对我启示，到这里来可以找到成千上万的金币。”开罗人坦白地说。

那人大笑了起来：“真是个笑话，我还经常做梦，我在开罗有个房子，后面有7棵无花果树和一个日晷，日晷旁边有个水池，池底藏着好多金币呢！回到开罗去吧，别做白日梦了。”

故事微语

有梦想，也是有美丽期待的一件事情，梦想是我们的生活中不可或缺的重要部分，因为这些梦想能够给予我们鼓舞和激励。对于未来的规划，没有梦想是不足以顺利前行的。因为，梦想给了我们目标与指导。

然而，梦想要归于现实，这个开罗人通过一个滑稽的梦，就断定自己能够发财，于是走上了寻找财宝的艰辛之路，听起来都会觉得非常不可思议。他的期待是美丽的，就是太过于妄想了，如果人人都能够凭借一个梦就可以发财，那么太多的奋斗都变得毫无意义了。

心灵箴言

现实的世界是有限度的，想象的世界是无涯际的。

——[法] 卢梭

理想与现实之间，动机与行为之间，总有一道阴影。

——[英] 爱略特

人世间的任何境遇都有其优点和乐趣，只要我们愿意接受现实。

——[美] 华盛顿·欧文

正视现实中存在的各种不如意

故事话题

一个中年人下岗了，他的老婆嫌他没本事，就和他离婚了。这个中年人日渐颓废，总是抱着个酒壶，遇到人就说自己的不幸遭遇。他的朋友们确实很同情他，也经常劝他想开点，日子还要好好地过，但是他总是缓不过劲来。

一天，中年人来到母亲的住所看望母亲，母亲让他从冰箱里拿出一个冻柿子，中年人将冻柿子放在桌子上，说："您要是着急吃，我用热水给你泡泡。"

老母亲说："不用了。"

中年人不知道母亲是什么意思，就站在原地看着母亲。母亲继续说："化冻柿子需要时间，如果用热水化是会很快化开，可柿子会变得又涩又苦又难吃，不如等它慢慢化透了。"

中年人知道母亲想要劝解他，没有说什么。这时，母亲指着冻柿子又说："谁都会遇到低谷，就好像被冻住的柿子，想要化开它是需要时间的。我并不想跟你再多说些什么，因为，这时候安慰的话就像是热水，说再多也不会有好作用。所以我们都再等等吧，不如意马上就会过去的，只是需要时间，就像这个需要缓一缓的冻柿子。"

故事解析

人生不如意十之八九，请正确面对这个问题。故事中的那个中年人遭遇到了人生中最不想接受的事情，他的妻子跟他离婚了，让他孤单一人，失去了家庭的温暖。这样的他，整日沉浸在不幸中，不能自拔。

老母亲是个历经过风霜的人，在她眼里，这些不如意虽然能让人颓废，但坚信那只是一时，如果你想要走出阴霾，就用时间化开人生的低谷，仿佛将冻柿子化开是一个道理。

故事穿越

有一天，“森林之王”狮子来到了天神面前，对天神说：“我的能力很强了，但每天当鸡鸣的时候，我还是会被它们的叫声给吓醒。所以，请您再多赐给我一些力量，让我不再被鸡鸣声给吓醒。”

天神听完微笑一下，然后说：“你不妨去找大象，它也许会给你一个满意的答复。”

于是，狮子跑到湖边找到大象，还没来得及和大象多说些什么，就听到大象跺起脚来，发出“砰砰”的响声。

狮子走进大象，看到大象气呼呼的。

狮子问大象：“你干嘛发这么大的脾气啊！”

这时候大象拼命摇晃着大耳朵，然后不耐烦地说：“有只讨厌的小蚊子，总想钻进我的耳朵里，害得我都快痒死了！”

狮子想：原来，拥有巨大能量的大象，也会怕小小的蚊子啊！那我还有什么好抱怨呢？

故事微语

实际上，每个人都有一本难念的经，多想大事情，这些小烦恼又能算得了什么呢？

人生路漫漫，定会遇到各种艰难险阻，大到跌入深渊，小到鸡毛蒜皮，如果每当遇到一件不如意的事情就钻牛角尖，进行各种计较，那么想必你的人生就会跟着变得劳累起来。

实际上，面对很多不如意的事情，都需要坦然面对，以一个平常心去看待，遇到问题解决问题，而不是一味的消极下去，这样，人生才会活得更有价值。

心灵箴言

患难困苦，是磨炼人格之最高学校。

——梁启超

只有永远躺在泥坑里的人，才不会再掉进坑里。

——[德] 黑格尔

一个障碍，就是一个新的已知的条件，只要愿意，任何一个障碍，都会成为一个超越自我的契机。

——智尚禅师

沉迷于幻想是消极的行为

故事话题

丽莎整日沉迷于幻想，在她上小学时，就希望能够考入理想的重点中学，然后憧憬在学校里的美好生活。然而，丽莎的学习成绩很一般，考个一般的学校还行，如果想要考入重点学校就不那么容易了。

果然，丽莎没能如愿考入重点。后来，丽莎想要成为一名护士，于是在中考前就认定自己以后要当护士了，觉得自己能够考上护校。然而，护校需要的成绩一点也不比普通高中少，丽莎仍旧没有考上。

后来，丽莎的老师为她分析了失败的原因，就是丽莎总是想得多做得少。她的梦想是那么美，但行动却是零。

故事解析

每个人都有理想、对未来也有一些蓝图，未来的境界总是在心里不断地产生。但是，如果你想得太多、太远，就会扰乱了自己平静的心。若不断地追求妄想，就会遮盖我们清净无邪的本性。

丽莎是个有梦想的孩子，但是她错误地将梦想沦为了没有实际意义的幻想，最终被幻想所累，始终没有体味到成功的滋味。

要知道，过去心不可得，未来心不可得。不要用现在的心去缘过去或未来的幻想，而要好好用心于现在的境界，让心地如一面干净的镜子，才能照见外境而毫无差错。与其幻想，不如脚踏实地的去努力。

故事穿越

一个女孩，非常沉迷武侠小说，每天都深陷其中不能自拔。她喜欢作者笔下的那些个性鲜明的人物，尤其是那些颇具侠义行为的武林豪杰……

但是，女孩整日都看武侠小说，幻想着自己也是某个豪杰，或是能够遇上像书中那样的人物……时间久了，女孩逐渐不能融入进周围的环境中，变成一个格格不入的人，朋友们喜欢的东西她看不上，她喜欢的武侠小说别人又不喜欢，这样久了，女孩越来越孤单。

最重要的，看小说严重影响到了女孩的学习成绩，最终没有考上理想的学校。当女孩大了一些，回过头来再想想那些曾经浪费过的时光，感到十分后悔，认为自己将大部分时光用在了不该用的事情上，而耽误了学习这件能影响她一生的正事。

故事微语

梦想是美丽的，但是，要实现梦想需要实实在在的行动，而不是沉迷在幻想中不能自拔。

为了使我们的梦想成真，为了让我们的未来目标成为现实，就需要把梦想付诸到行动之中，我们更需要把我们的远景建立在现实之上。换句话说，我们都应该成为现实主义者和践行者。

幻想只会将你带进一个虚幻的世界中，看到的事物也都不是真实的。时间久了，一定就会像故事中的小女孩一样，成为人群中那个格格不入的人，这是得不偿失的。

沉迷幻想的人总有一天会幡然醒悟，因为，幻想终究是不切实际的，而生活却是那样的真实。

心灵箴言

幻想就像瓦缸一样容易碎。

——[也门] 民间名言

理智大踏步向前，幻想则悠然漫步。

——[美] 蒂安

倘若幻妄的幸福使灵魂飘然轻举，跌下现实的深谷将倍加痛苦。

——[英] 民间名言

理想需要一点点的去实现

故事话题

有一个挖井人，他的工作就是到处挖井，直到挖出水来工作才算圆满。但是，因为他缺乏信念，总是在挖到一半时就灰心丧气了，没有勇气再往下挖，最终导致没能将井挖成功。后来，在一次偶然的机会，他遇到一个总是挖井成功的人，于是向他请教说：“您怎么总是能够挖成功呢？而我总是挖不出水来，是我的方法有错误吗？”

那个人笑了笑说：“其实，我之所以成功是因为我比你用的时间久一些、付出的耐心多一些而已。你没有成功，正是因为你没有给予足够的时间。”

故事解析

有一位寓言家说得好："理想是彼岸，现实是此岸，中间隔着湍急的河流，行动就是架在两岸的桥梁。"挖井的人，之所以不成功就是没有足够的耐心，这样一来，他之前付出的努力也都打了水漂，如竹篮打水一场空。

有想法，想要做成一件事情固然重要，但重要的还在于你的行动力是怎样的，实现梦想需要时间，没有什么成功是轻易随便就能取得的。

荀子说："骐骥一跃，不能十步；驽马十驾，功在不舍。锲而舍之，朽木不折，锲而不舍，金石可镂。"只有脚踏实地的努力，理想才会变成现实。找点时间去梦想，在现实的生活中，在繁忙的事业中，又有几人记得自己的梦想，最好不要将梦想遗忘在岁月里。

故事穿越

在世界上还没有鞋子这个东西之前，人们都是光着脚走路。就算是位高权重的国王，想要出行也要受这种罪。后来，有一个国王，不得不忍受着脚被扎被磨的痛苦，就希望臣民们想个好办法。于是，臣民们将实现国王的愿望为己任，都很踊跃地想各种各样的办法。

有位大臣想了个办法，他希望把国王所有的房间都铺上牛皮，甚至将国王行走的地方也铺上牛皮。这样，国王踩在牛皮地上，就会感觉很舒服。

国王听后同意，于是叫人去实施。但是，这需要多少牛皮啊！也许将整个国家的牛皮都拿出来，也不够国王用的。

为了让国王收回成命，一个臣子暗下决心，想要想出更好的办法，这样就不必这样劳民伤财了。于是，他每天都努力思考，然后亲自实践，最终想出来了好办法——将牛皮带在国王的脚下。国王试过之后很受用，过来，又经过几次改进，最终做出了"鞋子"。

故事微语

没有时间的积累，难以实现梦想。有句谚语是这样说的：“时间抓起来说是金子，抓不住就是流水。”想要实现愿望，应该按部就班，而不是急于求成，通过时间的反复检验，最终会得到实现。

心急吃不到热豆腐，做一个面对现实的人，不去想那些遥不可及，甚至不可能实现的平步青云的事情。拿出时间来，一点点前进，一点点收获，梦想就有希望成真。

心灵箴言

时间是衡量事业的标准。

——[英] 培根

凡是想获得优异成果的人，都应该异常谨慎地珍惜和支配自己的时间。

——[苏联] 克鲁普斯卡娅

没有时间思索的科学家，那是一个毫无指望的科学家，他如果不能改变自己的日常生活制度，挤出足够的时间去思索，那他最好是放弃科学。

——[苏联] 柳比歇夫

第五篇

命运与机遇：相信自己，自然迎来春暖花开

积极的人要主宰命运，消极的人被命运主宰。机遇是留给时刻做准备的人的。在这个世界上没有空来的机会，想要取得成功，只有靠自己努力去争取、去创造机会、把握机遇，只有这样，机遇才能降临。在机遇面前，锻炼的越多，经验就越丰富，只有这样，在挑战面前，就能做到泰然自若、游刃有余。

主宰命运，不抱怨命运

故事话题

有一个贫穷的小男孩，他想要上学，先要为自己攒够学费。为了赚钱，他挨家挨户地推销商品，但是成果并不好。在饥寒交迫下，他无奈地敲响一个人家的大门，希望讨口饭吃。

开门的是一位美丽的小女孩，在她打开房门的那一刻，小男孩还有些不知所措了。他低着头，并没有要饭，而是乞求给他一口水喝。女孩子聪明伶俐，看出了男孩的饥寒交迫，于是，回去倒了一大杯牛奶给他。

男孩缓慢地喝完牛奶，然后问女孩："我应该付多少钱？"

女孩子微笑着回答："不用付钱，因为，我妈妈教导过我，施以爱心，不图回报。"

男孩说："这样的话，就请接受我由衷的感谢吧！"

说完，男孩就快速离开了这户人家。男孩被女孩的善良感动了，而他，也希望像女孩一样，做一个能够帮助其他人的、有能力的人。想到这，他浑身是劲儿，而且更加相信上帝和整个人类。在这之前，他本来都想放弃了……

数年之后，那位女子得了一种不常见的重病，医生们对此束手无策。女孩此时已经是个妇人，他不得不被转到大城市进行医治，由专家会诊治疗。而接待她的医生中，有一个是当时大名鼎鼎的霍华德•凯利医生。

当霍华德听到这位病人是来自于那个他曾经拼搏过的城镇时，心头一热，一个奇怪的念头霎时间闪过他的脑际。于是，他马上起身直奔她的病房。

走进这位病人，他一眼就认出了那就是他曾经的恩人。

霍华德回到会诊室后，开始了各种准备，想要竭尽所能来治好她的病。从那天起，他就特别关照这个对自己有恩的病人。经过长时间的工作，最终，手术成功了。凯利医生要求把医药费通知单送到他那里，他看了一下，便在通知单的旁边留下一行字。

然而，当医药费通知单送到她的病房时，她简直不敢看，因为，她来自小地方，家庭并不富裕，医疗费一定不会是少数，她甚至决定用整个余生来偿还了！

然而，让她没想到的是，医药费通知单上写着："医药费已付：一杯牛奶。"还有一个签名：霍华德•凯利医生。

故事解析

年少的霍华德在对生命失去拼搏进取之心时，偶然间遇上了一个善良的女孩，从女孩身上他再次找到了生存的意义。即使命运多么坎坷，他都决定迎难而上，做命运的主人，通过努力拼搏，最终取得一片天下。

积极的人要主宰命运，消极的人被命运主宰。现代社会中，那些被命运主宰的人大多被他人看不起。余世维先生经常讲的一句话是：“性格决定命运，气度影响格局。”如果你自己都不想要主宰和改变命运，那么，别人更是无济于事。

宿命观是一种消极的观点，“认命”的人认为：人的习惯、性格和命运是不能改变的，是冥冥之中的上帝与神早就安排好了的，什么都是天注定的。然而却忽略了现代社会主导宣扬的拼搏和努力。

故事穿越

在沙俄时代，一个并不会游泳的人不慎掉进了河里，他努力挣扎着，但无论他怎样大喊“救命”，那些在岸边值勤的警察都像没有看到一样，谁也不去提供帮助。落水的人就这样奄奄一息了……然而，就在慌乱中，他突然灵机一动，大声喊道：“打倒沙皇！”

这句话可是当时最忌讳的话，说了这句话还了得！在当时的俄国，像这样辱骂沙皇一定要坐牢的。所以，边上的两名警察立即跳入水中，将这个谩骂沙皇的人提上岸来，送进了警察局。

溺水的人因此得救。

还有一位画家也如出一辙。英国有一位著名大画家，叫索希尔，有一次，英国女王邀请他到皇宫里画一幅大壁画，为画这幅巨制，画家搭起了一个三层楼高的脚手架。

女王带领一批大臣前来观看。当时，索希尔沉浸在画面里，他站在脚手架上全神贯注地审视着自己的作品，然后思考如何能够画得更好，他一边看一边往后退，直退到了脚手架的边缘，他的举动把当场所有人吓呆了，包括女王。即使这样，大家都不敢惊叫，怕惊扰了画家使他坠落。

这时，站在索希尔身边的助手急中生智，他大步冲到壁画前，拿起画笔在壁画上乱涂乱抹起来。索希尔见此勃然大怒，急忙奔上前去抢夺助手手里的画笔："你疯了吗？"这样，他的生命才算得救了。

故事微语

这两个故事如出一辙，但不管是第一个故事中的溺水者还是第二个故事中的画家助理，他们都不愧为命运的主宰者，而不是一味受周围环境的发展而充当形式的炮灰。从故事中也不难看出：当一个人被某种缘由逼入绝地时，智慧就会突然开花。而这种现象，则被人称为"悬崖边上的智慧"。

每个人的生命，都好比是一艘河里的小船，会慢慢驶向未知的前方。在这当中，也许会风雨交加，也许会阳光明媚。但无论怎样，我们都要做自己小船的舵手，自己来主宰命运。而主宰自己命运的关键，便是相信自己。有了这份坚定，无论多困难时都相信自己可以主宰命运。

心灵箴言

自己的命运应由自己创造。

——[俄] 契诃夫

愚蠢给人的痛苦远胜于命运。

——[英] 爱·扬格

人就是人，是他命运的主人。

——[英] 丁尼生

脚踏实地地努力，机遇自然会到来

故事话题

少年时期的约翰•哈佛是个有远大抱负的人，他曾经梦想着在不久的未来，可以创办一所大学，为社会培养出大批有用人才。然而，在成长阶段，他遇到了太多的困惑，他不理解远大理想和身边小事的关系，不知道一个人到底如何做事才能成功。

他确实渴望成功，但总觉得身边的小事总是阻碍他前进的脚步。有些时候，他甚至以为现在的学校生活枯燥乏味，他整日被这些问题困扰着，导致成绩越来越不好。

约翰?哈佛实在太苦闷了，一天，他走进了老师威廉的办公室，向老师倾诉了自己的困惑。威廉老师领他来到学校后面的操场上，然后牵着小约翰•哈佛的手饶有兴味地观看学生们的千米比赛。

学生们跑得都不是很快，有意识地控制速度，如果太快了他们甚至还会放慢脚步，颇有节奏地向前跑去。

这时，威廉笑着问约翰•哈佛：“在千米比赛中，他们跑得为什么不如百米比赛中那样快呢？”

约翰•哈佛说：“因为要跑很长的路程，需要保持体力呀！”

威廉老师及时点拨约翰•哈佛：“是呀！就是因为要跑更远的路，他们才要脚踏实地，而你，因为树立了更远大的理想，才更应该从身边的小事做起呀！”

老师的话让约翰•哈佛恍然大悟，他领悟到：目标愈远，愈需要脚踏实地。也就是从那一天开始，约翰•哈佛开始埋头读书，他知道了自己当下最重要的就是学习，把自己的成绩搞上去。不到半个学期，约翰•哈佛就成为整个学校最优秀的学生了。这为他后来的成功奠定了坚实的基础。

毕业后，约翰•哈佛做过牧师，也当过教师，还兼职了一段时间伊曼纽尔学院院长。但不论做什么工作，他都始终没有忘记自己当初的理想。1638 年 9 月 14 日，约翰•哈佛把一半积蓄和积累了一生的图书捐赠给被他看好的当地的一所剑桥学院。1639 年 3 月 13 日，马萨诸塞海湾殖民地议会通过决议，把这所学校命名为哈佛学院。

故事解析

约翰·哈佛在老师的点拨下，不仅走出了一直令他困惑的迷茫阶段，还认清了接下来要走的路。从此后，他脚踏实地去努力，点点滴滴地积攒能量，一直不忘初衷，最终成就了世界上最伟大的学府的诞生——哈佛。

多年来，哈佛大学除了培养大量的美国学生外，还接纳了来自世界各国的大批留学生和访问学者。哈佛大学为美国培养出了六位总统，为世界培养出了数不清的尖端人才。约翰·哈佛终于凭着脚踏实地的努力，实现了自己当初那个远大的理想。

故事穿越

在日本大约有10 000多家麦当劳店面，其一年的营业总额就可以突破40亿美元大关。然而，能够创造出这一辉煌业绩的人叫藤田田，他年轻有为，并且经历过一段不凡的经历。

1965年，藤田田毕业于日本早稻田大学经济学系。1971年，他走上创业之路，经营麦当劳生意。人们都知道，麦当劳是闻名全球的连锁快餐公司，想要取得特许经营资格是需要具备相当财力和特殊资格的，但那时，藤田田不过是一个毫无家庭资本支持的打工一族，根本拿不出麦当劳总部所要求的75万美元现款，和一家中等规模以上银行信用支持的硬性条件。

藤田田只有不到5万美元的存款，但他看准了美国连锁快餐文化在日本的巨大发展潜力，所以毅然要在日本创立麦当劳事业，为了完成梦想不惜一切代价。

面对巨大的资金缺口，这是大多数人都不敢想的。然而，藤田田却偏有对困难说不的勇气和锐气，偏要迎难而上，做实现梦想的实践者。

在一个风和日丽的春天的早晨，他满怀信心地走进住友银行总裁办公室的大门。

藤田田拿出极为诚恳的态度，向对方阐述了他的创业计划，并十分耐心、细致地进行了事业的设计蓝图。对方听完他的表述之后，说："你先回去吧，让我再考虑考虑"。

藤田田听后，的确有些失望，但他继而又立即镇定下来，说："先生可否让我告诉你，我那5万美元存款的来历呢？"

银行总裁回答："可以。"

藤田田又说："那是我6年来按月存款的收获。在6年时间里，我每个月都坚持存下工资奖金，从来没有间断过。虽然我也无数次面对过度紧张或手痒难耐的尴尬局面，我都咬紧牙关，克制欲望，硬挺了过来。有时候，碰到意外事故需要额外用钱，我也照存不误，甚至不惜厚着脸皮四处告贷，以增加存款。这是没有办法的事，我必须这样做，因为在跨出大学门槛的那一天我就立下宏愿，要以10年为期，存够10万美元，然后自创事业，出人头地。我坚信，在小事情上过得硬的人才干得成大事情。现在机会来了，我一定要提早开创自己的事业……”

藤田田一口气讲了很久，这时，银行总裁越听神情越严肃，然后向藤田田问明了他存钱的那家银行的地址，最后说：“年轻人，我下午就会给你答复。”

藤田田走后，这位银行总裁马上驱车前往藤田田存钱的那家银行，亲自了解藤田田存钱的情况。

柜台小姐了解了总裁来意后，说了这样几句话：“哦，是问藤田田先生啊。他可是我接触过的最有毅力、最有礼貌的一个年轻人。6 年来，他真正做到了风雨无阻地准时来我这里存钱，老实说，这么严谨的人我真是佩服得五体投地！”

银行总裁大为动容，他马上拨通了藤田田家里的电话，通知他住友银行可以毫无条件地支持他创建麦当劳事业。藤田田兴奋之余，不忘问了一句：“您为什么要决定支持我呢？”

总裁在电话那头感慨万千地说道：“我今年已经 58 岁了，再有两年就要退休，论年龄我是你的 2 倍，论收入我是你的 40 倍，可是，直到今天我的存款却还没有你多……我可是大手大脚惯了。光说这一点，我就自愧不如，敬佩有加了。我敢保证，你会很有出息的，年轻人，好好干吧！”

故事微语

所谓成功，都是需要做好一点点小事情积累而成的。没有经历过程的人，又如何能够奔向终点呢？

有人说："一个人，不可能一下子从卑俗直达高雅，从舍弃掉细小而直达广大，跳过近前而直达远方。"目标远大固然是件好事情，但是心高气傲就没有存在的价值了。目标好像一个靶子，要知道，这个靶子只有在你的有效射程之内才具备意义。倘若目标太偏离实际，反而于事无益。

有了目标，然后为目标付出努力，一点点向目标靠近，从取得一点小成就开始，逐渐累积成就，才能成功。如果你只空怀大志，却从不为了理想的实现而付出辛勤，那"理想"只能是空中楼阁。

心灵箴言

谁脚踏实地地生活，谁就会真心实意地去爱。

——[英] 伊·芭·勃朗宁

你若希望你的孩子总是脚踏实地，就要让他们负些责任。

——[英] 班扬

我们对真理所能表示的最大崇拜，就是要脚踏实地地去履行它。

——[美] 爱默生

大部分机遇都不是偶然的

故事话题

有这样一家牙膏厂制造出的牙膏产品优良，且包装特别精美，所以深受顾客的喜爱。牙膏厂的营业额也因此连续 10 年递增，每年的增长率大约在 10%～20%。但是，好景并没有持续下去，到了第 11 年，业绩突然停滞，之后两年也是这样。

公司经理感到很着急，马上召开高级会议，商讨对策。在此次会议中，公司总裁许诺，表示谁能想出解决问题的办法，就重奖 10 万元。这时，有位年轻的经理站起来，不急不慢地递给总裁一张准备好的纸条，总裁看完后，马上签了一张 10 万元的支票给了这位经理。那张纸条上写着：将现在牙膏开口扩大 1 毫米。

仔细想来，消费者每天挤出同样长度的牙膏，但如果开口扩大了一些，消费者就多用一些牙膏，那么，所有消费者全加起来，每天的消费量将多出很多！于是，公司赶快更改包装。在第 14 年时，公司的营业额增加了 32%。

故事解析

机遇不是偶然的，机遇掌握在有心人的手里。就在这个公司面临困境，打不开局面时，一个经理想到了将现在牙膏开口扩大1毫米的办法，成功地为公司扭转了乾坤，迎来了新的机遇。这让我们想到，面对生活中的变化，我们常常会一筹莫展，或是希望别人提供帮助，然而，倘若你能够成为像那位想出办法的年轻经理那样的人，那必然会创造机遇。

人生的机遇不是你想得到就能得到。有时候，机遇属于有准备的人，否则，就算机遇到了你身边，你也不一定能有缘抓住。

故事穿越

王羲之在小时候就十分聪明，尤其是他的书法进步飞快。因为年纪小，在听到一些夸奖后难免会骄傲，认为自己是有天赋的，也许不一定要像其他人那样辛苦，所以王羲之在练了几年字后就慢慢松懈了。

一天，王羲之在逛庙会时看见一位老太太一手擀面皮，一手包饺子在贩卖，速度快得惊人。然而，老太太包饺子的地方和煮饺子的大锅隔着一堵墙，但她在包完一个饺子后连眼都不抬就直接扔出去，而饺子正好落在锅里。

王羲之看得目瞪口呆，他耐心等老太太包完饺子，便走上去询问："这么深的功夫您老是怎么练出来的?"

老太太说："熟练五十载，深练需一生。"王羲之听后感到很羞愧，从此又抓紧练字，最终成为大书法家，获得了更多人的认可。

故事微语

王羲之从小刻苦练字，他的成功必然不是偶然的。在他小时候，也因为骄傲而懈怠过，但是在悟到成功之道不是天生的和偶然的后，又回归质朴，专心练字。

机遇是留给时刻做准备的人的。在这个世界上没有空来的机会，想要取得成功，只有靠自己努力去争取、去创造机会、把握机遇，只有这样，机遇才能降临。

我们不能去想坐享其成的事情，而是应该去创造机遇。狄更斯说过："机会不会上门去找人，只有人去找机会。"

心灵箴言

智者创造的机会比他得到的机会要多。

——[英] 培根

一个人必须为自己创造机会，就像时常发现它一样。

——[英] 培根

由于过分审慎，人们对于时机就会重视不够，就会坐失良机。

——[法] 卢梭

抓住机遇就有可能改变命运

故事话题

拿破仑是法国18世纪政治家，军事家，法兰西第一帝国和百日王朝皇帝。但是，在他没有功成名就时，也不过是一个小小的尉级炮兵军官。

1793年，拿破仑被派往前线，参与了进攻土伦的战役，正当革命军前线指挥官面对土伦坚固的防守犯难的时候，拿破仑看准时机，马上抓住这个难得的机会，直接向特派员萨利切蒂提出了新的作战方案。

在特派员苦无良策时，看拿破仑提出了很有新意的作战方针，当时就被大多数人认可，然后任命拿破仑为攻城炮兵副指挥，并提升为少校。

拿破仑抓住这个机遇，在前线用心谋划作战对策，再加上他十分勇敢，充分显示出他的胆识和才智，最后成功攻克了土伦。他也因此荣立战功，并被破格提升为少将旅长，一举成名，为他后来叱咤风云，登上权力顶峰奠定了基础。

故事解析

罗曼·罗兰曾讲过：“生命很快就过去了，一个机遇不会重复出现两次。必须当机立断，不然就永远别要。”这一切都告诉了我们，要想抓住机遇，必须要有充足的准备，否则的话就只能是痴人说梦。

认真想来，在冥冥之中，好像有一根线在牵动着你的行动，再引领着你去思想什么、放弃什么。这一切看起来似乎都是偶然的，实则不然，它们都存在着必然的因素。这个偶然的因素是机遇，这个必然的因素是你的决定。

功夫不会辜负有心人。有一些人，原本具备了追波逐浪的底气，只是在机遇来临的时候没有选择坚持下去，而是轻易放弃，结果错失良机，成就了一生的遗憾。还有一些人，因为对自己的内在潜质了解不够，在机遇来临时，缺乏考验自己的勇气，结果丧失了锻炼自己、成就自我的机会。这些都是不可取的。

在机遇面前，锻炼的越多，经验就越丰富，你的心理素质和应变能力就越强，在未来的机遇面前就越能做到泰然自若，游刃有余。所以，当机遇来临时，善于把握自己，发挥潜质，展示自我，或许，成功就在眼前！

故事穿越

有一个人，他每天都游手好闲、好吃懒做，他不仅将自己的那一分家业给坐吃山空了，还在别处借了很多债，最后，自己的亲友邻里都不再信任他，不愿意再借钱给他。

有一天，他又来到一个亲戚家借钱。他第一次找这个亲戚来借钱，以为这个亲戚不知他的为人，但是，其实很早以前，就有人打电话告知了他的那个亲戚他只会借钱，却从来不想还钱的事情。然而，那个亲戚出于同情，并没有揭穿他，还借了 1000 元给他。这个人得了钱后很高兴，他正准备离开时，借他钱的亲戚把他叫住了，对他说：“如果你要一直这样胡混下去，只能混到死。不想这样的话就改头换面吧。”

在回家的路上，他反复思量亲戚的话，最后，他决定用这 1000 块钱去打拼，而不是继续坐吃山空了。几年后，经他的努力，他挣了一笔不少的钱，回到家乡还清了所有的债务，还为自己买了一辆小轿车。

他专程到他的那个亲戚家致谢。告诉亲戚，他之所以能够从一个人见人骂，变成一个富人，是因为他抓住了他那亲戚对他的那一番话的机遇。

故事微语

机遇对任何一个人来说都是公平的，能够抓住机遇的人，就能成就一个非凡的人生，如果抓不住机遇，你的人生必然会平庸地度过。现实中，真正能抓住机遇成就事业的人确实不是大多数，因为，机遇总是垂青于有思想、有行动的人。

做一个善于发现机遇、抓住机遇的人，要知道，机遇随时随地都有，并不像很多人认为的那样，机会是寥寥无几的。只是同一个机遇，对每一个人的意义却不同。只有了解自己，从自身出发，为自己制定一个适合自己的发展目标，并为之付出努力，才会受到机遇的垂青，才会取得不菲的成就。

心灵箴言

一个明智的人总是抓住机遇，把它变成美好的未来。

——[美] 托·富勒

愚蠢的行动，能使人陷于贫困；投合时机的行动，却能令人致富。

——[新西兰] 克拉克

机会对于不能利用它的人又有什么用呢？正如风只对于能利用它的人才是动力。

——[美] 西蒙

不要浪费得来不易的机遇

故事话题

有一年大旱，一只青蛙艰难地四处找水喝，这时，它来到一片大沙漠，这里荒无人烟，太阳高照。青蛙又累又渴，这时，它看到不远处有一块大石头，就想：“水源也许就藏在石头下吧？

于是，青蛙开始搬石头，但石头非常大，它根本搬不动，小青蛙就想：这或许是上帝对我的考验吧！只要我坚持到底不放弃，绝望就会变成希望，我一定行！”终于，经历一番努力和挣扎后，石头被移走了，在石头下，出现了源源不断的水流，青蛙喝了个饱，还躺在小水池里冲冲凉，它庆幸自己坚持下来了，若是当时放弃了，它一定会被渴死在沙漠里。

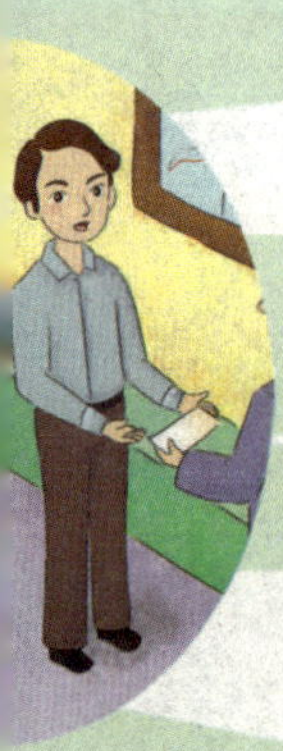

故事解析

有时机遇看似遥远，其实它就在身边，如果你能够努力争取，创造机遇，成功会离你越来越近。但是，倘若你轻易放弃，就会错失一切，那些原来可以属于你的东西，也会离你而去。

还有，机遇是万万等不得的，不要做“守株待兔”的蠢事。有的人会认为大好机遇在某个时间里会自己找上门来，这种想法是那么的天方夜谭。机遇，如果你不找它，它也不会来找你的。白日梦再美好，醒来终究是场空，现实社会里，别人帮不了你，只有靠自己努力，营造美好生活，机遇也是如此。

故事穿越

泰邦许多地方盛产椰子，但是，椰树很高，有十几米，且树干没有枝丫，导致采摘椰子是件难度很大的事情。每年都会有人因为上树摘椰子而出现安全事故。

一位头脑灵活的椰农想到了一个好办法，让身手敏捷的猴子去代替人类做摘椰子的工作。想法一出，他就立刻开始试验，并建立了一个驯猴学校，主要是练习猴子摘椰子的技术。然后把这些练习有素的猴子售给那些园主或者是想以出租猴子为业的农民。

因为猴子摘椰子的成效比人要快三四倍，所以，在短短几年这位农民便成了外地首屈一指的富翁。

故事微语

想来，那个泰邦的农民如果没有将这个颇具创新意义的办法发扬起来，估计到现在他还是个贫穷农民。你要坚信：机遇是自己争取，创造来的。别人给不了，也等不到。人的一生能够遇到无数个机遇，我们不可能全部抓住，但是面对机遇，要知道珍惜，不要将已然在手中的机遇毅然放走。

把握机遇的人才能登上成功的阶梯，不要让它从指缝间溜掉。如果仔细观察，凡是靠机遇成功的人，并不见得都拥有过人的才华，他们也都是普通的人，也许的他的才华还不如很多普通的人。但是，他们做到了珍惜机遇，深知天赐良机不可失。

坐失良机是可悲的，严重的能够抱憾终生。所以，当机遇敲门的时候，要是犹豫着该不该起身开门，它就去敲别人的门了。

心灵箴言

如果良机不来，就亲手创造吧。

——[英] 斯迈尔斯

人不能创造时机，但是他可以抓住那些已经出现的时机。

——[英] 雪莱

一个人不论干什么事，失掉恰当的时节、有利的时机就会前功尽弃。

——[古希腊] 柏拉图

心灵榜样微史话

蔡伦

蔡伦（61—121），字敬仲，汉族，东汉桂阳郡（今湖南耒阳）人。中国古代四大发明中造纸术的改造者（非发明者）。作为一名古代宦官，他曾在昂贵的丝绸和竹板上书写过文字，但是，他改变了这一奢侈的书写历史，用树皮、鱼网和竹子压制成纸。

造纸术的发明彻底改写了后世中国乃至世界的历史，也使蔡伦屹立于古今中外的杰出人物之列。

蔡伦认真总结了前人的经验，他认为扩大造纸原料的来源，改进造纸技术，提高纸张质量，就可以使纸张为大家接受。蔡伦首先使用树皮造纸，树皮是比麻类丰富得多的原料，这可以使纸的产量大幅度的提高。树皮中所含的木素、果胶、蛋白质远比麻类高，因此树皮的脱胶、制浆要比麻类难度大。这就促使蔡伦改进造纸的技术。

西汉时利用石灰水制浆，东汉时改用草木灰水制浆，草木灰水有较大的碱性，有利于提高纸浆的质量。元兴元年（公元 105 年）蔡伦把他在尚方制造出来的一批优质纸张献给汉和帝刘肇，汉和帝很称赞他的才能，马上通令天下采用。这样，蔡伦的造纸方法很快传遍各地。

司马迁

司马迁（前 145 年或前 135—前 87 年），字子长，西汉夏阳（今陕西韩城南）人，一说龙门（今山西河津）人。中国西汉伟大的史学家、文学家、思想家，司马谈之子，任太史令，因为李陵之事辩解，受宫刑，后任中书令。发奋继续完成所著史籍，被后世尊称为史迁、太史公、历史之父。

他以其“究天人之际，通古今之变，成一家之言”的史识创作了中国第一部纪传体通史《史记》（原名《太史公书》），被公认为是中国史书的典范，该书记载了从上古传说中的黄帝时期，到汉武帝元狩元年，长达 3000 多年的历史，是《二十五史》之首，被鲁迅誉为“史家之绝唱，无韵之离骚”。

司马迁承继其父司马谈的黄老之学，坚持唯物主义观点，对神秘化的阴阳五行学说采取讥评的态度。他还以造诣甚深的自然科学知识（天文历法）为依据，认为阴阳、四时和二十四节气等是不可更改的，“春生夏长，秋收冬藏”是自然界的客观规律，人们必须遵守，不可违背。由此，他对当时占统治地位的“天人感应”的神秘主义学说进行了有力的讽刺和批判。

岳飞

岳飞（1103—1142），字鹏举，宋相州汤阴县（今河南安阳汤阴县）人，祖籍博州（今山东聊城）。著名的军事家、战略家、民族英雄，位列南宋中兴四将之首。

岳飞于北宋末年投军，从 1128 年遇宗泽起到 1141 年为止的十余年间，率领岳家军同金军进行了大小数百次战斗，所向披靡，“位至将相”。1140 年，完颜兀术毁盟攻宋，岳飞挥师北伐，先后收复郑州、洛阳等地，又于郾城、颍昌大败金军，进军朱仙镇。宋高宗、秦桧却一意求和，以十二道“金字牌”下令退兵，岳飞在孤立无援之下被迫班师。

在宋金议和过程中，岳飞遭受秦桧、张俊等人的诬陷，被捕入狱。

1142 年 1 月，岳飞以“莫须有”的“谋反”罪名，与长子岳云和部将张宪同被杀害。宋孝宗时岳飞冤狱被平反，改葬于西湖畔栖霞岭。追谥武穆，后又追谥忠武，封鄂王。

岳飞是南宋最杰出的统帅，他重视人民抗金力量，缔造了“连结河朔”之谋，主张黄河以北的抗金义军和宋军互相配合，夹击金军，以收复失地。岳飞治军，赏罚分明，纪律严整，又能体恤部属，以身作则，他率领的“岳家军”号称“冻杀不拆屋，饿杀不打掳”；金人流传有“撼山易，撼岳家军难”的哀叹，表示对“岳家军”的最高赞誉。岳飞反对宋廷“仅令自守以待敌，不敢远攻而求胜”的消极防御战略，一贯主张积极进攻，以夺取抗金斗争的胜利；他是南宋初唯一组织大规模进攻战役的统帅。

岳飞的文学才华也是将帅中少有的，他的不朽词作《满江红·怒发冲冠》，是千古传诵的爱国名篇，著有《岳忠武王文集》。

华盛顿

乔治·华盛顿（1732 年 2 月 22 日—1799 年 12 月 14 日），美国首任总统，被美国称为“国父”，美国独立战争大陆军总司令。1789 年成为美国第一任总统（其同时也成为全世界第一位以“总统”为称号的国家元首）。1787 年，华盛顿主持了制宪会议。会议制定了现在的美国宪法。

1789 年，华盛顿经过全体选举团无异议的支持而成为美国第一任总统。他在两届的任期中设立了许多持续到今天的政策和传统。在两届任期结束后，他自愿放弃权力不再谋求续任。由于他扮演了美国独立战争和建国中最重要的角色，故被尊称为美国国父，学者们则将他和亚伯拉罕·林肯、伍德罗·威尔逊、富兰克林·罗斯福并列为美国历史上最伟大的总统。

可以毫不夸张地说，从华盛顿揭竿而起的那一天起，他的一生就是整个国家的缩影。华盛顿始终被学者排名为最伟大的美国总统之一。2006 年，华盛顿被美国的权威期刊《大西洋月刊》评为“影响美国的 100 位人物”第 2 位。在美国学者麦克·哈特所著的《影响人类历史进程的 100 名人排行榜》中，华盛顿名列第 27 位（新版第 26 位），是该榜排位最靠前的美国人。华盛顿是独立战争期间大陆军总司令、开国元勋，为美国的缔造建立了丰功伟绩。战争后，一批手下将领，向他多次上书，鼓吹建立君主立宪制国家，拥戴他做国王。

达尔文

查尔斯·罗伯特·达尔文（1809 年 2 月 12 日—1882 年 4 月 19 日），英国生物学家，生物进化论的奠基人。他以博物学家的身份，参加了英国派遣的环球航行，做了五年的科学考察。在动植物和地质方面进行了大量的观察和采集，经过综合探讨，形成了生物进化的概念。1859 年出版了震动当时学术界的《物种起源》。

书中用大量资料证明了所有的生物都不是上帝创造的，而是在遗传、变异、生存斗争中和自然选择中，由简单到复杂，由低等到高等，不断发展变化的，提出了生物进化论学说，从而摧毁了唯心的“神造论”和“物种不变论”。恩格斯将“进化论”列为 19 世纪自然科学的三大发现之一（其他两个是细胞学说、能量守恒转化定律）。

他所提出的天择与性择，是生命科学中一致通用的理论。除了生物学之外，他的理论对人类学、心理学以及哲学来说也相当重要。

诺贝尔

阿尔弗雷德·伯纳德·诺贝尔（1833 年 10 月 21 日—1896 年 12 月 10 日），是瑞典化学家、工程师、发明家、军工装备制造商和炸药的发明者。诺贝尔生前有 Bofors （卜福斯）公司。此公司拥有 350 年历史，此前主要生产钢铁。诺贝尔拥有 Bofors 后把公司主要产品方向改为生产军工产品。在第二次世界大战中该公司多项产品曾授权多国生产，并受军队广泛好评。

诺贝尔一生拥有 355 项专利发明，并在欧美等五大洲 20 个国家开设了约 100 家公司和工厂，积累了巨额财富。在他逝世的前一年，立嘱将其遗产的大部分（约 920 万美元）作为基金，将每年所得利息分为 5 份，设立物理、化学、生理或医学、文学及和平 5 种奖金（即诺贝尔奖），授予世界各国在这些领域对人类作出重大贡献的人。其中炸药为最为出名的一项。

诺贝尔这样一位伟大的科学家，他不仅把自己的毕生精力全部贡献给了科学事业，而且还在身后留下遗嘱，把自己的遗产作为基金捐献给科学的事业，用以奖掖后人，向科学的高峰努力攀登。今天，以他的名字命名的科学奖，已经成为举世瞩目的最高科学大奖。他的名字和人类在科学探索中取得的成就一道，永远地留在了人类社会发展的文明史册上。

但丁

但丁·阿利盖利（1265—1321），13 世纪末，意大利诗人，现代意大利语的奠基者，欧洲文艺复兴时代的开拓人物之一，以长诗《神曲》留名后世。他被认为是意大利最伟大的诗人，也是西方最杰出的诗人和最伟大的作家之一。恩格斯评价他说：“封建的中世纪的终结和现代资本主义纪元的开端，是以一位大人物为标志的，这位人物就是意大利人但丁，他是中世纪的最后一位诗人，同时又是新时代的最初一位诗人。”

但丁是世界上的大文豪，是一个时代的标志人物。

但丁一生著作甚丰，其中最有价值的无疑是《神曲》。这部作品通过作者与地狱、炼狱及天堂中各种著名人物的对话，反映出中古文化领域的成就和一些重大的问题，带有“百科全书”性质，从中也可隐约窥见文艺复兴时期人文主义思想的曙光。在这部长达 1.4 万余行的史诗中，但丁坚决反对中世纪的蒙昧主义，抨击了旧世纪人物的种种恶行，歌颂了灵魂的美好与光明的引导，表达了执着地追求真理的思想，对欧洲后世的诗歌创作有极其深远的影响。

除《神曲》外，但丁还写了诗集《新生》、语言诗学论著《论俗语》、哲学神学论著《飨宴》及政治学论著《帝制论》等著作。《新生》中包括三十一首抒情诗，主要抒发对贝雅特丽齐的眷恋之情，质朴清丽，优美动人，在“温柔的新体”这一诗派的诗歌中，它达到了最高的成就。

荷马

荷马（约前 9 世纪—前 8 世纪），古希腊盲诗人。相传记述公元前 12 世纪到公元前 11 世纪，特洛伊战争及有关海上冒险故事的古希腊长篇叙事代表作史诗《伊利亚特》和《奥德赛》，即是他根据民间流传的短歌综合编写而成。

据此，他生活的年代，当在公元前 10 世纪到公元前 9 世纪和 8 世纪之间，他的杰作《荷马史诗》，在很长时间里影响了西方的宗教、文化和伦理观。

荷马史诗，是古代希腊从氏族社会过渡到奴隶制时期的一部社会史、风俗史，具有历史、地理、考古学和民俗学方面的很高价值。这部史诗也表现了人文主义的思想，肯定了人的尊严、价值和力量。这是人类童年时代的艺术创作，在思想上、艺术上不免带有局限性。

荷马堪称西方文学的始祖，他以诗歌般的记叙手法所展现的战争、生活场景至今仍为人所津津乐道。同时，荷马诗史也是研究古希腊风土人情的宝贵的资料。

哥伦布

克里斯托弗·哥伦布（1451—1506），意大利航海家、殖民者。出生于意大利热那亚，卒于西班牙巴利亚多利德。一生从事航海活动。他在 1492 年到 1502 年间在西班牙国王的资助下四次横渡大西洋，到达美洲大陆，他也因此成为了名垂青史的航海家。

他相信大地球形说，认为从欧洲西航可达东方的印度。在西班牙国王鼎力支持下，先后 4 次出海远航。开辟了横渡大西洋到美洲的航路。先后到达巴哈马群岛、古巴、海地、多米尼加、特立尼达等岛。在帕里亚湾南岸首次登上美洲大陆。考察了中美洲洪都拉斯到达连湾 2000 多千米的海岸线；认识了巴拿马地峡；发现和利用了大西洋低纬度吹东风，较高纬度吹西风的风向变化。

哥伦布开创了在新大陆开发和殖民的新纪元。当时欧洲人口正在膨胀，有了这一发现，欧洲人就有了可以定居的两个新大陆，就有了能使欧洲经济发生改观的矿藏资源和原材料。

这一发现，导致了美国印地安人文明的毁灭。从长远的观点来看，还致使西半球上出现了一些新的国家。这些国家与曾在该地区定居的各个印地安部落截然不同，他们极大地影响着旧大陆的各个国家。他使海外贸易的路线由地中海转移到大西洋沿岸。从那以后，西方终于走出了中世纪的黑暗，开始以不可阻挡之势崛起于世界，并在之后的几个世纪中，成就海上霸业。一种全新的工业文明成为世界经济发展的主流。

洛克

约翰·洛克（1632 年 8 月 29 日—1704 年 10 月 28 日），英国的哲学家。在知识论上，洛克与乔治·贝克莱、大卫·休谟三人被列为英国经验主义的代表人物，但他也在社会契约理论上做出过重要贡献。

洛克发展出了一套与托马斯·霍布斯的自然状态不同的理论，主张政府只有在取得被统治者的同意，并且保障人民拥有生命、自由、和财产的自然权利时，其统治才有正当性。洛克相信只有在取得被统治者的同意时，社会契约才会成立，如果缺乏了这种同意，那么人民便有推翻政府的权利。

洛克的精神哲学理论通常被视为是现代主义中“本体”以及自我理论的奠基者，也影响了后来大卫·休谟、让·雅各·卢梭与伊曼努尔·康德等人的著作。洛克是第一个以连续的“意识”来定义自我概念的哲学家，他也提出了心灵是一块“白板”的假设。与笛卡尔或基督教哲学不同的是，洛克认为人生下来是不带有任何记忆和思想的。

洛克的思想对于后代政治哲学的发展产生巨大影响，并且被广泛视为是启蒙时代最具影响力的思想家和自由主义者。他的著作也大为影响了伏尔泰和卢梭，以及许多苏格兰启蒙运动的思想家和美国开国元勋。他的理论被反映在美国的独立宣言上。

列宁

列宁，原名弗拉基米尔·伊里奇·乌里扬诺夫，列宁是他的笔名。世界著名的俄国革命家、政治家、思想家、理论家、实践家。他是世界上第一个社会主义国家——苏维埃政权的缔造者，布尔什维克党的创始人，俄国十月革命的领导人，担任苏联中央人民委员会的主席。他传承了马克思主义，并形成列宁主义。被全世界的共产主义者普遍认同为“国际无产阶级革命的伟大导师和精神领袖”。

1905 年 11 月，俄国资产阶级民主革命爆发后，列宁回到祖国直接领导革命，并提出了无产阶级政党在民主革命中的策略。12 月，莫斯科武装起义失败，列宁又开始了长达十多年的第二次流亡生活。在此期间，他写了《唯物主义和经验批判主义》、《马克思主义和修正主义》等一系列著作，使马克思主义得到了全面的发展。

第一次世界大战爆发后，列宁又提出了“变帝国主义战争为国内战争”的口号，阐明了社会主义可能在一国或数国首先胜利的理论。1917 年 3 月，沙皇政府被推翻。听到沙皇垮台的消息以后，列宁立即返回俄国，积极准备发动武装起义。在列宁的领导下，俄国人民终于取得了十月社会主义革命（史称“十月革命”）的胜利。

革命胜利后，列宁当选为人民委员会主席。他领导人民粉碎了帝国主义的三次武装进攻和国内的叛乱，使苏俄的经济建设逐步走上了正轨。

1924 年 1 月 21 日，列宁不幸与世长辞，终年 54 岁。

心灵修养用语微解

积累：积聚起来的事物。

阻碍：阻挡住，使不能顺利通过或发展。

心态：指一个人的个性心理特征的表现和特定时刻的心理状态。

丑陋：相貌或样子难看。多局限于指外表、长相；也可指内心、行为丑恶。内心恶劣。

现实：客观存在的事物；合乎客观情况现实意义；事实，真实的情况，无法改变的，与所想的不一样。

机遇：指后天的机遇和时间，被理解为有利的条件和环境。可以按照字面意思理解为忽然遇到的好运气和机会。

理想：是美好愿望或抱负或宏伟的目标或指好的状态。恒常、实质、永恒的外观或现象特质，为深植于完美理念或典型中的审美特质。其极致衍申自柏拉图的“理型论”，其理论认为完美的概念只能在现实生活中以不完美的镜像展现。

善良：纯真温厚，没有恶意，和善，心地好。亦指和善而不怀恶意的人，说明一个人的品质好。中国传统文化历来追求一个“善”字：待人处事，强调心存善良、向善之美；与人交往，讲究与人为善、乐善好施；对己要求，主张独善其身、善心常驻。

贫穷：贫穷是个很广泛的观念。在中文里，贫、穷两字本解作“极度不足”，日常使用里则指“缺乏钱财，生活拮据困乏”道德标准的；也有人认为可以从科学角度去理解贫穷的意思。贫穷的成因包括了多种因素，从发展经济学角度讲，贫穷就是缺乏生活机会。

意志：是人自觉地确定目的，并根据目的调节支配自身的行动，克服困难，实现预定目标的心理过程。它是人的意识能动性的集中表现，是人类特有的心理现象。它在人主动地变革现实的行动中表现出来，对行为包括外部动作和内部心理状态有发动、坚持和制止、改变等方面的控制调节作用。

偶然性：指事物发展、变化中可能出现也可能不出现，可以这样发生也可以那样发生的情况。偶然性和事物发展过程的本质没有直接关系，但它的后面常常隐藏着必然性。科学的任务就是要透过复杂的偶然现象来揭露事物发展的客观规律，即必然性与“必然性”相对。

脚踏实地：形容做事踏实认真，谨慎。

突破自己：打开缺口突破一点；超过；打破突破定额突破难关。

沉迷幻想：深深地迷惑或迷恋虚而不实的东西。过度看重没有道理的想象，信奉无根据的看法或信念。

功名利禄：指名利地位。郭沫若《南冠草》第一幕：“只因功名利禄得不到保障，所以他们便想到要和流寇苟合，铤而走险。”

善意的谎言：善意的谎言是指出于某种善意的原因说的谎言。善意的谎言是美丽的，这种谎言是出于善意的，不是居心叵测的。善意的谎言具有一种神奇的力量，没有任何的恶意。但是善意的谎言本质依旧是谎言，与事实相违背，这点依旧是毋庸置疑。